AI绘画工坊：

Stable Diffusion从入门到实践

（68 集视频课 +40 个绘画案例）

>>>罗巨浪　周冰渝　陈静茹 著

清华大学出版社

北京

内 容 简 介

人工智能时代，AI 绘画成为人工智能技术的一个很重要的应用。本书就是一本系统介绍 Stable Diffusion 软件的 AI 绘画技术书籍，旨在通过对 Stable Diffusion 的学习，帮助读者在短时间内快速掌握 AI 绘画的知识和技能，让 AI 成为自己工作生活的好帮手！

本书共 18 章，分为入门篇、提高篇和实战篇三部分。其中入门篇详细介绍了文生图、图生图和脚本等 Stable Diffusion 软件的基础功能和操作方法；提高篇深入探索 Stable Diffusion 的模型训练功能，并详细介绍了 ControlNet、Embedding、Hypernetwork、LoRA 软件常用的四大模型的训练方式，读者可利用这些高级功能创造出更精美的图像，提升 AI 绘画的效率和创新能力；实战篇是本书的主体内容，通过 40 个典型的实操案例详细介绍了 Stable Diffusion 在插画绘制、海报及招贴设计、服装设计、VI 视觉设计、电商相关设计、摄影作品制作、包装及装帧设计、产品设计、家居及空间设计、建筑设计等 10 大常见商业设计领域的应用。学完本书，读者可熟练掌握 Stable Diffusion 的操作技能，快速提升 AI 绘画水平。

本书采用四色印刷，内容丰富，实用性特别强，适合所有 AI 绘画爱好者和专业设计师学习，也适合作为相关培训机构的教材。

图书在版编目（CIP）数据

AI 绘画工坊：Stable Diffusion 从入门到实践：68 集视频课 +40 个绘画案例 / 罗巨浪，周冰渝，陈静茹著 . 北京：清华大学出版社，2024.8. -- ISBN 978-7-302 -66961-6

Ⅰ. TP391.413

中国国家版本馆 CIP 数据核字第 2024L2F038 号

责任编辑：袁金敏
封面设计：墨　白
责任校对：徐俊伟
责任印制：沈　露

出版发行：清华大学出版社
　　　　　网　　　址：https://www.tup.com.cn，https://www.wqxuetang.com
　　　　　地　　　址：北京清华大学学研大厦 A 座　　　　邮　编：100084
　　　　　社 总 机：010-83470000　　　　　　　　　邮　购：010-62786544
　　　　　投稿与读者服务：010-62776969，c-service@tup.tsinghua.edu.cn
　　　　　质 量 反 馈：010-62772015，zhiliang@tup.tsinghua.edu.cn

印 装 者：北京博海升彩色印刷有限公司
经　　销：全国新华书店
开　　本：170mm×240mm　　　印　张：15　　　字　数：394 千字
版　　次：2024 年 9 月第 1 版　　　印　次：2024 年 9 月第 1 次印刷
定　　价：99.80 元

产品编号：107051-01

前 言

PREFACE

人工智能（Artificial Intelligence，AI）是当今时代的颠覆性技术，它在不断改变着人类的生产生活方式和思维模式，对经济发展、社会进步等方面也产生了深远的影响。AI 绘画作为人工智能技术的一个很重要的应用，近年来取得了显著进展，各种 AI 绘画软件，如 DALL-E、Stable Diffusion 和 Midjourney 等应运而生，通过简单的指令提示，AI 能够在短时间内创作出图像作品，使绘画变得更加简单、便捷。目前，这种技术正在广泛应用于插画艺术、广告设计、出版传媒、电商等多个行业领域，极大地提升了创意产业的产能和创新能力。

Stable Diffusion 是一款常用的 AI 绘画工具，它提供了多种功能，可以帮助用户高效生成图像。例如，它可以进行背景替换操作，使用户生成的图像中的主体可以保持一致性。但由于它的功能非常强大，也导致其操作相对复杂一些。因此，如果想要充分利用 Stable Diffusion 的强大功能来提升设计和创作的效率，专业的理论学习和操作实践是必不可少的。

为了满足广大读者的学习和实际工作需求，编者创作了《AI 绘画工坊——Stable Diffusion 从入门到实践（68 集视频课 + 40 个绘画案例）》。本书具有以下四大特色。

"场景式"学习：根据工作和生活中的需求，本书设计了多种使用场景，如插画绘制、海报及招贴设计、服装设计、VI 视觉设计、电商相关设计、摄影作品制作、包装及装帧设计、产品设计、家居及空间设计和建筑设计等。读者可以根据自己的需求，挑选不同场景下的案例进行学习，实现"所学即所用"。

"案例式"学习：本书共展示了 40 个案例。读者在学习案例的基础上，可以通过替换提示词的方式创作出不同风格的新作品，然后在反复的实操训练中，快速掌握 AI 绘画的技巧。

"工作流式"学习：为了帮助读者提高作品的完成度，本书在 AI 绘画的基础上，还结合 Photoshop 等常用的辅助设计软件，讲解了图像的后期处理与应用。这种方法可以引导读者从输入提示词到后期加工，循序渐进地完成自己的作品。

"傻瓜式"学习：本书将所有案例的创作过程分解成了简单明了的步骤，用大众化的语言直白地翻译操作过程，更好地引导读者实现创作。无论读者是否学习过 AI 绘画，都能够按照教程创作出属于自己的绘画作品。

为了更好地帮助读者学习，本书特别录制了68集视频课程（包括一些模型的介绍和训练方法，以及部分案例的制作过程）并总结了大量的绘画提示词，需要的读者欢迎扫描下面的二维码下载。

无论读者是初学者还是有经验的用户，编者希望本书能成为读者学习和应用AI绘画技术的得力工具，快速掌握AI绘画技术，从而更好地工作和生活。

致 谢

衷心感谢周鑫森先生、王兰女士、王晓铃女士对本书编写工作所提供的帮助。

尽管本书经过了编辑和校对等人员的精心审读、加工，但限于时间、篇幅有限，难免有疏漏之处，望各位读者体谅包涵，不吝赐教。

编 者
2024年8月

目 录

CONTENTS

第一部分　入门篇

第二部分　提高篇

第三部分　实战篇

目录

第一部分 入门篇

第 1 章　初识 Stable Diffusion

Stable Diffusion 是一款 AI 绘画工具，可以在输入的提示词文本上，利用计算机算法迅速生成具有绘画性和美观性的图像。这项全新的技术工具如今已广泛应用于艺术创作、游戏、广告等多项创意产业。

1.1　Stable Diffusion 简介

Stable Diffusion 是一款由 Stability AI 公司研究开发的 AI 程序，可以根据创作者输入的文本内容生成对应的图像。除了文生图外，Stable Diffusion 还包含了图生图、特定角色刻画、图像修复等功能。

相比其他 AI 绘画软件，Stable Diffusion 模型具有更高的稳定性，可以在更长的时间范围内生成高质量的图像。除此之外，Stable Diffusion 的最大优势就是开源，这意味着每时每刻都有人在世界各地训练自己的模型并公开共享给全世界的使用者。

Stable Diffusion 的功能非常强大，并且在图像生成、图像修复和图像去噪等领域都有广泛的应用。如果想要深入学习 AI 绘画、生成高质量的图像，Stable Diffusion 是一个不错的选择。本章致力于让新人从注册到使用，快速入门 Stable Diffusion。

1.2　Stable Diffusion 的安装

Stable Diffusion 的安装分为本地部署和整合包下载两种方式。Stable Diffusion 是开源且免费的软件，因此，理论上用户可以按照官方教程自行安装，但本地部署形式的操作步骤比较复杂，需要一定的计算机理论知识支撑。于是，一些熟悉计算机操作的爱好者制作了 Stable Diffusion 的整合包，其中包含了软件、配置、模型和插件，下载安装后可以直接使用。

除此之外，Stable Diffusion 的运行对计算机的配置有一定的要求，其推荐计算机配置见表 1.2–1。

表 1.2–1　Stable Diffusion 推荐计算机配置

操作系统	更适配于 Windows 操作系统，苹果版兼容的插件数量较少，功能性不及 Windows 系统。建议使用 Windows 10/Windows 11/macOS（仅限 Apple Silicon，Intel 版本无法调用 AMD Radeon 显卡）和 Linux 系统
内存	至少 8GB，建议使用 16GB 或以上的内存，否则无法容纳模型文件
显卡	因为 Stable Diffusion 出图需要用到 CUDA 加速，所以推荐使用英伟达 NVIDIA 独立显卡（N 卡），AMD 显卡可以用，但速度明显较慢。NVIDIA 显卡最低 10 系列起步，建议使用 40 系列。至少 4GB，建议 8GB 以上

1.2.1　整合包的安装

不同版本的整合包之间可能存在部分差异，如启动界面不同等，但主程序功能不会有太大的区别。

整合包的安装步骤如下：

步骤① 下载并解压 Stable Diffusion 整合包，打开文件夹目录，找到启动器，双击打开，如图 1.2-1 所示。

步骤② 在弹出的启动界面中，单击右下角的"一键启动"按钮，软件将自动配置计算机环境，如图 1.2-2 所示。

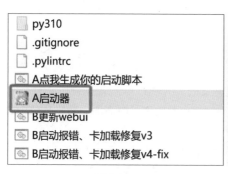

图 1.2-1

图 1.2-2

如图 1.2-3 所示，Stable Diffusion 将自行弹出启动后的控制台界面，单击右上角的"一键启动"按钮，即可开始运行。

图 1.2-3

> **小贴士**
>
> 在 Stable Diffusion 运行期间，注意不要关闭控制台界面，操作过程中如果遇到相关问题，也可以在控制台呈现的信息中查看。

1.2.2 模型的安装

AI 绘画的原理，是通过训练算法程序，让计算机从大数据中学习各类图像的信息特征，从而根据人类的要求执行各项任务。而经训练和学习后得到的程序文件称为模型。

模型就像一个存储了大量图像信息的超级大脑，可以在人类提供的提示词的基础上，帮助 AI 自动提取并重组对应的信息，从而形成最后输出的图像。

目前，模型数量最多的网站分别是 CIVITAI 网站和 Hugging Face 网站。

CIVITAI 网站又称 C 站，是一个在线的模型平台。用户可以在这里上传并分享自己训练后的模型，也可以浏览和下载其他用户创建的模型，以满足自己的出图需求。CIVITAI 网站界面如图 1.2-4 所示。

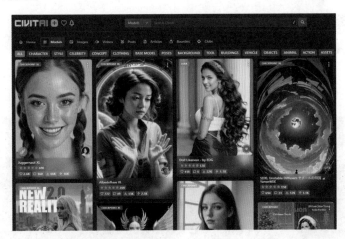

图 1.2-4

Hugging Face 同样是一个开源模型社区，为用户提供了模型、数据集、类库、教程等。Hugging Face 网站界面如图 1.2-5 所示。

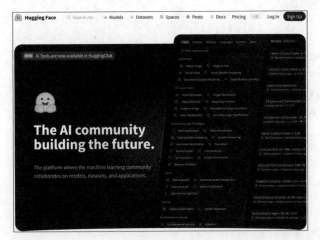

图 1.2-5

小贴士

Hugging Face 是一个综合性网站，如果用户需要下载模型，可以在菜单栏中选择 Models，进入后再单击左上角的 Text-to-Image，其中都是 Stable Diffusion 可以用的模型。

根据模型的体积大小和训练难度的差异，模型可以简单分为两类：主模型和用于微调主模型的扩展模型。常见的模型类型有 Checkpoint、LoRA、VAE、Hypernetwork、ControlNet、LyCORIS 等，具体模型类型详见 1.4 节。

下面就以 CIVITAI 网站 Checkpoint 中的 Anything 模型为例，详细讲解一下如何下载并导入模型。

步骤① 打开浏览器，在搜索栏中输入 CIVITAI 网站地址。进入网站后，在搜索栏中输入要下载的模型名称，如图 1.2-6 所示。

图 1.2-6

步骤② 如图 1.2-7 所示，找到需要的模型后，单击网页右侧的 Download 按钮进行下载。

图 1.2-7

步骤③ 下载完成后，单击网页右上角的"打开文件"按钮，大模型的存放路径为：\Stable-diffusion-webui\models\Stable-diffusion，如图 1.2-8 和图 1.2-9 所示。

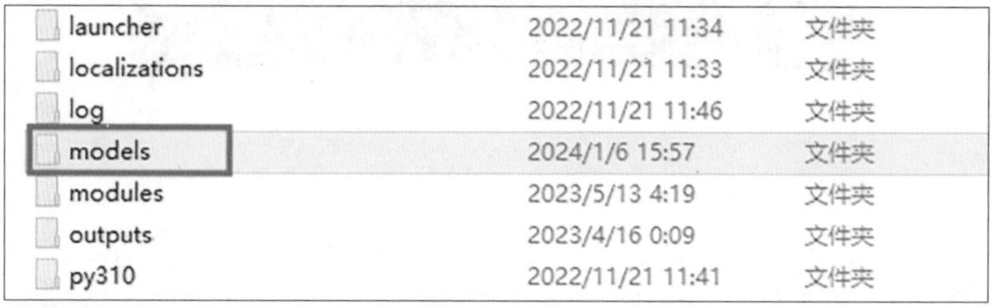

launcher	2022/11/21 11:34	文件夹
localizations	2022/11/21 11:33	文件夹
log	2022/11/21 11:46	文件夹
models	2024/1/6 15:57	文件夹
modules	2023/5/13 4:19	文件夹
outputs	2023/4/16 0:09	文件夹
py310	2022/11/21 11:41	文件夹

图 1.2-8

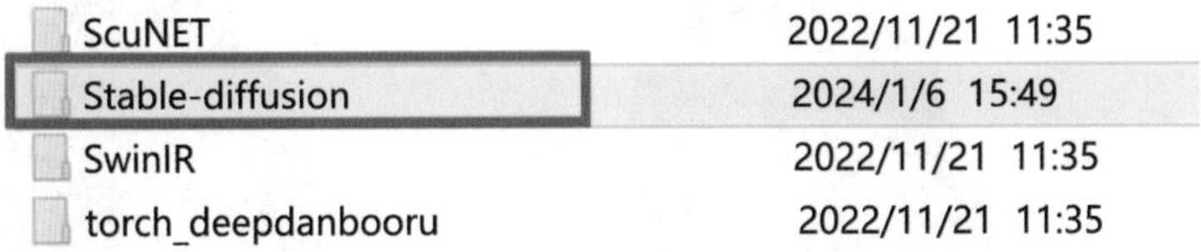

ScuNET	2022/11/21 11:35
Stable-diffusion	2024/1/6 15:49
SwinIR	2022/11/21 11:35
torch_deepdanbooru	2022/11/21 11:35

图 1.2-9

步骤④ 如图 1.2-10 所示，在 Stable Diffusion 界面左上角的菜单栏中找到下载的模型，单击进行切换，即可使用大模型。

图 1.2-10

1.3 Stable Diffusion 的界面简介

进入 Stable Diffusion 主界面后，用户可以看到界面布局大致分成 4 个部分：菜单栏界面、提示词输入区、参数设置区和图像生成区。

1.3.1 菜单栏界面

如图 1.3-1 所示，用户可以在菜单栏界面中设置模型类型，并选择自己想用的功能。

图 1.3-1

Stable Diffusion 模型：用于大模型的切换，在安装模型的步骤中，将下载的模型放入指定的文件夹后，该模型就会出现在这里的下拉列表中。右击，在弹出的下拉菜单栏中选择自己想用的模型，即可完成模型的切换。

> 小贴士
>
> 大模型是指通过大量的图像训练出来的成熟的绘画模型，又称基础模型、底模型或者主模型。具体模型类型详见 1.4 节。

外挂 VAE 模型：VAE（Variational AutoEnconder，变分自编码器）类似于一个有滤镜和微调功能的小模型或插件，在出图时，会对画面的颜色和线条产生影响。可以根据具体需求决定模型是否与 VAE 配合使用。不加 VAE 和加了 VAE 的图像的对比如图 1.3-2 和图 1.3-3 所示。

图 1.3-2   图 1.3-3

功能选项卡：每个选项卡中的选项对应了不同的功能，常用的选项卡包括文生图、图生图、后期处理和模型融合等。

- 文生图：根据文本提示生成图像（具体操作详见第 2 章）。
- 图生图：在提供的图像基础上，结合文本提示生成新图像（具体操作详见第 3 章）。
- 后期处理：优化、清晰、扩展图像。
- PNG 图片信息：导入图像后，可以显示出提示词和模型等基本信息。
- 模型融合：将多个模型按不同的比例进行合并，从而生成新模型。
- 训练：根据提供的图像数据训练某种特定风格的模型。
- OpenPose 编辑器：实现定制化的人物姿势绘画。
- 3D 骨架模型编辑：在 3D 环境下，根据自身需求变换人物骨骼位置，从而实现更精准的人物姿势绘画。
- isnet_Pro：实现视频帧的批量处理。
- Additional Networks：控制多个 LoRA 模型生成的混合风格的图像。
- mov2mov：动画插件之一，提取原视频的帧，并将每一帧按照设置的模型和提示词进行重绘，组合输出新视频。
- 图库浏览器：查看之前创作的图像，并进行各种操作，如添加到收藏夹、再次生成、删除等。
- WD1.4 标签器：反向解析图像，倒推提示词。
- 设置：Stable Diffusion 的各项设置。
- 扩展：插件的安装与更新。

1.3.2 提示词输入区

如图 1.3-4 所示，提示词输入区分为正向提示词填写栏和反向提示词填写栏，分别用来控制画面中需要出现的元素和画面中不需要出现的元素（具体详见 2.1 节）。

图 1.3-4

1.3.3 参数设置区

如图 1.3-5 所示，不同的参数设置会影响 Stable Diffusion 最后生成的画面。下面简单介绍各项参数的功能及设置。

● 采样方法（Sampler）：图像去噪、提升画面质量的方法。

如图 1.3-6 所示，采样方法有很多种，但常用的采样方法有 Euler a 和 DPM++ 系列。它们的区别见表 1.3-1。不同的采样方法生成的效果分别如图 1.3-7~ 图 1.3-9 所示。

表 1.3-1　采样方法的区别

Euler a	默认采样方法，生成速度快，生成的图像比其他采样方法柔和
DPM++ 2M Karras	通常用于卡通渲染
DPM++ 2S a Karras / DPM++ SDE Karras	通常用于写实渲染

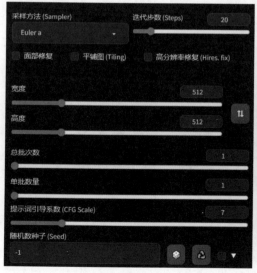

图 1.3-5

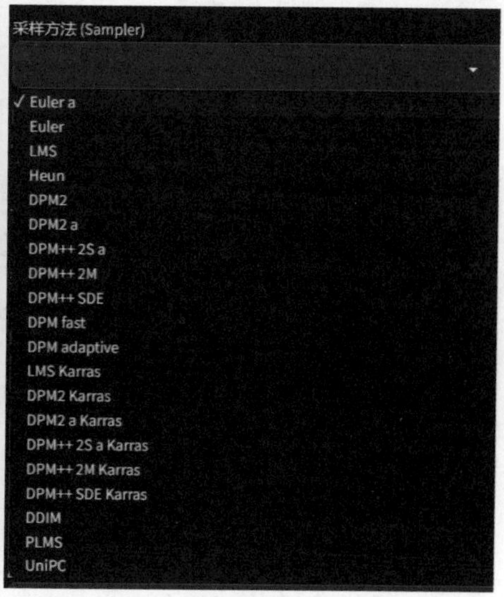

图 1.3-6

图 1.3-7   图 1.3-8   图 1.3-9

● 迭代步数：程序的运行时间和计算次数，用于控制生成图像的精细程度。通常来说，迭代步数越大，画面的精细度就越高。但数值越大，对计算机显卡的要求就越高，出图速度就越慢。超过一定迭代步数后，对图像的提升效果也非常有限，可能会发生边境效应，造成画面扭曲。所以并不是迭代步数越大越好，默认设置为 20，一般设置范围在 20~30。不同的迭代步数生成的效果分别如图 1.3-10~ 图 1.3-15 所示。

图 1.3-10   图 1.3-11   图 1.3-12

图 1.3-13   图 1.3-14   图 1.3-15

● 面部修复：修复人像的面部细节。

● 平铺图（Tiling）：对有规律、重复度较高的图像进行无缝拼接，并将接缝处进行较好的融合。

● 高分辨率修复（Hires.fix）：在不改变构图的情况下改进图像中的细节，将生成的图像进一步放大。

在勾选"高分辨率修复（Hires.fix）"选项后，会弹出图 1.3-16 所示的选项区。在该选项区中包括以下参数。

■ 放大算法：放大算法有很多种，如图 1.3-17 所示。一般情况下，动漫风格图像推荐使用 R-ESRGAN 4x+ 放大算法，写实风格图像推荐使用 R-ESRGAN 4x+Anime6B 放大算法。

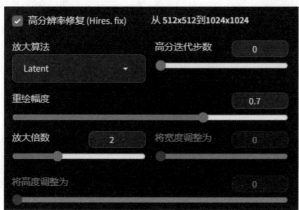

图 1.3-16　　　　　　　　　　　　图 1.3-17

■ 高分迭代步数：高质量、高分辨率的迭代次数，通常设置为 0，即采用原图像。
■ 重绘幅度：对原图像内容的保留程度。数值越高，放大后的图像和原图像之间的差别就越大。通常情况下设置为 0.3~0.7，超过 0.7 之后，新图像和原图像基本无关，小于 0.3 则差别不明显。不同的重绘幅度生成的效果分别如图 1.3-18~ 图 1.3-21 所示。

图 1.3-18　　　　　　　　　　　　图 1.3-19

<table>
<tr><td>重绘幅度0.5</td><td>重绘幅度0.8</td></tr>
</table>

图 1.3-20   图 1.3-21

■ 放大倍数：通常设置为 2 倍。

● 宽度和高度：即分辨率，其数值越高，像素就越高。但同样会影响画面的生成结果，分辨率越高，生成图像的时间也相对延长。

● 总批次数和单批数量：总批次数是指生成几批图像，单批数量是指一次运行生成的图像数量。

● 提示词引导系数（CFG Scale）：提示词对生成的图像的影响程度。数值较低的情况下，生成的图像会更随机，与提示词之间的关联不大；较高的数值将提高生成结果与提示词的匹配度。通常情况下，建议参数设置为 7~12。例如，输入提示词：1 girl,wearing a blue Hanfu,wearing an elaborate headdress（一个女孩，穿着蓝色的汉服，头上戴着精致的头饰）。不同的提示词引导系数值生成的效果分别如图 1.3-22~ 图 1.3-24 所示。

引导系数5   引导系数10   引导系数12

图 1.3-22   图 1.3-23   图 1.3-24

● 随机数种子（Seed）：每张图像的唯一编码。如图 1.3-25 所示，当单击右侧的骰子图标，将种子数值设置为 –1 时，图像将随机生成。如果遇到喜欢的图像，可以单击绿色循环图标，将自动填入图像的种子数值，保证后续生成的图像与原图相似。

随机数种子 (Seed)

-1

图 1.3-25

图像生成区

在输入提示词并设置好参数后，单击右侧的"生成"按钮，就可以生成图像了，如图 1.3-26 所示。

图 1.3-26

"生成"按钮下的 5 个图标的功能从左至右分别为：读取上一次生成的图像的提示词；清除输入的提示词；显示或隐藏扩展模型；读取保存的提示词；保存提示词。

如图 1.3-27 所示，最后生成的图像会出现在下方的图像展示区。用户可以根据生成的图像质量和自身需求决定是否要进行后期处理（继续图生图或无损放大等）。

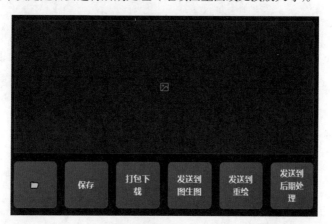

图 1.3-27

1.4 Stable Diffusion 的模型类型

Stable Diffusion 的模型类型有很多，根据训练方法和大小的差异，可以简单划分为主模型和用于微调主模型的扩展模型两大类。不同模型擅长的画风和应用领域也不同。下面介绍几个比较常见的模型。

Checkpoint 模型

Checkpoint 模型是支持 Stable Diffusion 绘图的基础模型，也称为大模型、底模型或主模型。
- 大小：Checkpoint 模型包含生成图像所需的所有内容，体积很大，通常为 2~7GB。
- 常见文件模式：尾缀 ckpt、safetensors。
- 存放路径：Stable-diffusion-webui\models\Stable-diffusion。

- 切换界面：如图 1.4-1 所示。

图 1.4-1

目前比较常见的 Checkpoint 模型有 Anything 系列、Majicmix Realistic、Realistic Vision、国风系列等。这些 Checkpoint 模型可以生成特定风格的图像。不同的大模型生成的效果分别如图 1.4-2~图 1.4-5 所示。

图 1.4-2 图 1.4-3

图 1.4-4 图 1.4-5

1.4.2 LoRA 模型

LoRA（Low-Rank Adaptation Models，低秩适应模型）可以固定某一类型的人物或者事物的风格。LoRA 模型的体积小、训练难度低、控图效果好，在动漫角色还原、画风渲染、场景设计等方面都有广泛应用。

- 大小：通常为 10~200 MB，需要和 Checkpoint 模型搭配使用。
- 常见文件模式：尾缀 ckpt、safetensors、pt。
- 存放路径：Stable-diffusion-webui\models\Lora。
- 切换界面：如图 1.4-6 和图 1.4-7 所示。

图 1.4-6

图 1.4-7

目前比较常见的 LoRA 模型有 MoXin（墨心）、blindbox、Miniature world style（微缩世界风格）等。用户可以根据这些 LoRA 模型的风格搭配大模型一起使用。不同的 LoRA 模型生成的效果分别如图 1.4-8~ 图 1.4-10 所示。

图 1.4-8

图 1.4-9

图 1.4-10

1.4.3 VAE 模型

VAE 模型可以对画面起到滤镜和微调的作用。

> 小贴士
>
> 有的大模型会自带 VAE 效果，如 Chilloutmix。这种情况下，如果再额外添加 VAE 模型，可能会适得其反，导致画面效果不好。

- 大小：约 300MB。
- 常见文件模式：尾缀 ckpt、pt。

- 存放路径：Stable-diffusion-webui\models\VAE。
- 切换界面：如图 1.4-11 所示。

图 1.4-11

✏ 读书笔记

第 2 章　文生图

文生图是 Stable Diffusion 中最基础、最常用的功能，用户可以通过简单的文字描述，让 AI 生成自己想要的图像。但如果想要在此基础上生成完成度更高、色彩更精美的图像，就需要精准的提示词，并深入了解和学习文生图的详细参数及语法结构。

2.1　提示词的类型

Stable Diffusion 的文生图流程为：选择模型→填写提示词→设置参数→单击"生成"按钮。其中，提示词是用来调节绘图模型的一种方法，通过输入提示词，模型就能理解用户想表达的意思，从而精准地实现出图效果。提示词决定了图像的画面内容，在文生图的过程中起到了关键作用。提示词分为正向提示词和反向提示词两大类。

2.1.1　正向提示词

正向提示词即用户希望在画面中出现的物体。在选择模型后，填写正向提示词。例如，用户想要生成一张可爱的小狗的图像，就可以在正向提示词输入框中输入提示词：a puppy（一只小狗），如图 2.1-1 所示。

输入完成后，设置好参数，单击右侧的"生成"按钮，即可生成图 2.1-2 所示的小狗图像。

图 2.1-1

图 2.1-2

小贴士

当前的版本可支持输入中文，如图 2.1-3 所示。在界面右下角的蓝框中输入中文，按 Enter 键后，可以在提示词输入框中看到对应的英文，如图 2.1-4 所示。

图 2.1-3

图 2.1-4

2.1.2 反向提示词

反向提示词即用户不希望在画面中出现的物体。例如，在生成小狗的过程中，偶尔会出现错误的尾巴，如图 2.1-5 所示。这时，用户就可以在填写完正向提示词后，在反向提示词输入框中继续输入提示词：Wrong tail（错误的尾巴），如图 2.1-6 所示。

图 2.1-5

图 2.1-6

输入完成后，设置好参数，单击右侧的"生成"按钮，即可生成图 2.1-7 所示的有正确尾巴的小狗图像。

图 2.1-7

2.2 提示词的结构

在编写提示词时，用户需要提前设想自己想让 Stable Diffusion 呈现的画面，这样才能进行精准的描述。这里分享一个常用的提示词结构：风格 + 画面主体 + 场景 + 质量。

2.2.1 风格

在用 Stable Diffusion 生成图像的过程中，选择模型是非常重要的一步，而提示词中的风格部分则需要配合选择的模型。除了风格提示词外，还可以输入知名画家的名字，但风格流派和画家都需要比较知名，因为小众风格可能没有被用来训练模型，这样输入提示词就没有太大作用。可以输入的风格提示词包括漫画风格、线条画、涂鸦风格和油画风格等。常见的风格提示词见表 2.2-1。

表 2.2-1　常见的风格提示词

comic, anime artwork, cinematic photo, photographic, oil painting, illustration, realistic, cartoon designs, flat illustration, impressionistic line drawing, ink wash painting, line drawing, modernist, outline drawing, scribble drawing, silhouette drawing, sketching, sumi-e, graffiti	漫画，动漫作品，电影照片，摄影照片，油画，插画，现实主义，卡通设计，平面插画，印象派线条画，水墨画，线条画，现代派，轮廓画，涂鸦，剪影画，速写，水墨画，涂鸦
Miyazaki style, Makoto Shinkai style, Keith Haring style, in the style of multilayered, in the style of smooth and polished, in the style of organic fluid shapes, in the style of futuristic cyberpunk, pixel art, soft and dreamy depictions, baroque brushwork, in the style of subtle gradients	宫崎骏风格，新海诚风格，凯斯哈林风格，多层次风格，光滑和抛光的风格，有机流体形风格，未来主义赛博朋克风格，像素艺术，柔和梦幻的描绘，巴洛克式的笔触，微妙的渐变风格
postmodern architecture and design, hybrid of contemporary and traditional, neoclassical style, simple and elegant, modern minimalist style, Rococo elegance, neoclassical symmetry, realistic style, whimsical subject matter, in the style of soft atmospheric scenes, mori kei, American style, light luxury style, classic Japanese simplicity, IKEA style, Mediterranean style, fashion style	后现代建筑与设计，现代与传统的混合，新古典主义风格，简约优雅，现代极简主义风格，洛可可优雅，新古典主义对称，现实主义风格，异想一格的风格，柔和大气的场景风格，森系，美式风格，轻奢风格，经典日式简约，宜家风格，地中海风格，时尚风格

如果想要用 Stable Diffusion 生成一个二次元风格的男孩，首先需要切换一个二次元风格的大模型（这里推荐使用 Anything 模型），然后在提示词中添加 Anime style（动漫风格）等。

2.2.2 画面主体

画面主体就是用户想画的东西，也就是占据大部分画面的事物，如一个女孩、一群小猫、一个公园、城市建筑等。常见的画面主体提示词见表 2.2-2。

表 2.2-2　常见的画面主体提示词

1 girl, 1 boy, a couple, a family, an old man, an 8-year-old girl, beautiful face, delicate face, handsome face, watery eyes, bright eyes, long hair, round face, blonde, curly hair, freckles, blush, fair skin, high nose bridge, crescent eyes, small dimples, smooth skin, wheat-colored skin	一个女孩，一个男孩，一对情侣，一家人，一位老人，一个八岁的小女孩，漂亮的脸，精致的脸，帅气的脸，水汪汪的眼睛，明亮的眼睛，长发，圆脸，金发，卷发，雀斑，脸红，皮肤白皙，高鼻梁，新月形的眼睛，小酒窝，光滑的皮肤，小麦色的皮肤

a cat, a puppy, pets	一只猫，一只小狗，宠物
living room, kitchen, foyer, suite, a study room, washroom, cloakroom, bedroom, a tea room, dining room, balcony, a home theater, bathroom, clothing store, a coffee shop, pop-up shop, RV, bookstore, jewelry store, staircase	客厅，厨房，门厅，套房，书房，洗手间，衣帽间，卧室，茶室，餐厅，阳台，家庭影院，浴室，服装店，咖啡店，快闪店，房车，书店，珠宝店，楼梯

如果想要用 Stable Diffusion 画一个男孩，除了主体提示词 1 boy（一个男孩）外，还可以在提示词中加上一些想要的细节特征，如 green eyes, white hair, wearing a white hoodie, rich facial details（绿眼睛，白头发，穿着白色的卫衣，丰富的面部细节）等。此时生成的效果图如图 2.2-1 所示。

2.2.3 场景

在确定画面的风格和主体后，还需要考虑主体所处的环境，如街道上、室内等；否则生成的图像背景通常默认为干净的白色。常见的场景提示词见表 2.2-3。

图 2.2-1

表 2.2-3　常见的场景提示词

mountains and waters, clouds, lakes, street, school, hospital, bookshop, amusement park, cafe, florist, restaurant, supermarket, tall buildings by the street, landscape	山水，云，湖，街道，学校，医院，书店，游乐园，咖啡厅、花店、餐厅，超市，路边高楼，景观
light gray and white, light sky-blue, brown, light amber, pure color, bold chromaticity, blurred blue, dark navy, dark black, orange, bright lights, golden, silver, translucent color, vibrant colors, deep blue, purple, yellow and white, light crimson, light beige, light violet, bright colors	浅灰白色，浅天蓝色，棕色，浅琥珀色，纯色，大胆色度，迷离蓝，深海军蓝，深黑色，橙色，亮光色，金色，银色，半透明色，鲜艳色，深蓝色，紫色，黄白色，浅深红色，浅米色，浅紫色，鲜艳色
a bird's-eye view, aerial view, big close-up, bokeh, bottom view, cinematic shot, close-up view, depth of field, detail shot, elevation perspective, extra long shot, extreme close-up view, face shot, first-person view, foreground, front view, side view, rear view, full length shot, head shot, high angle view, in focus, isometric view, knee shot, wide view, top view, panorama, fish eye lens, ultra wide shot, macro shot	鸟瞰视角，鸟瞰图，大特写，散景，底视图，电影镜头，特写镜头，景深，细节图，仰角图，超远景，特写图，面部特写，第一人称视角，前景，正视图，侧视图，后视图，全身图，头像照片，高角度图，对焦图，等距图，膝盖以上镜头，广角图，俯视图，全景图，鱼眼镜头，超广角镜头，微距镜头
back lighting, bisexual lighting, bright, cinematic lighting, dramatic lighting, clean background trending, cold light, crepuscular ray, fluorescent lighting, front lighting, global illuminations, hard lighting, high-contrast light, mood lighting, morning sunlight, neon cold lighting, neon light, rays of shimmering light, rembrandt lighting, rim lights, soft lights, split lighting, top light, volumetric lighting, warm light, aperture	背光，双性照明，明亮，电影照明，戏剧照明，干净的背景趋势，冷光，黄昏光线，荧光灯，正面照明，全局照明，硬照明，高对比度光，情绪照明，早晨日光，霓虹灯冷照明，霓虹灯，闪烁光线，伦勃朗照明，边缘灯，柔和灯，分体照明，顶部灯，体积照明，暖光，光圈

如果想要用 Stable Diffusion 为图 2.2-1 中的男孩加上场景设置，可以在主体提示词后继续添加 on a rainy street（在雨天的街道上）等。除此之外，还可以在提示词中加上一些场景的细节，如构图、景别、色彩、光影等。例如，side view, half-length photo, depth of field, neon light, cold light（侧视图，半身照，景深，霓虹灯，冷光）等。此时生成的效果图如图 2.2-2 所示。

图 2.2-2

2.2.4 质量

在确定画面内容后，还需要考虑图像的整体质量，相关的指标有分辨率、清晰度、噪声等。常见的质量提示词见表 2.2-4。

表 2.2-4　常见的质量提示词

best quality, masterpiece, high quality, ultra detailed, 4K, 8K, 16K, 32K, UHD, HDR	最佳质量，杰作，高质量，超细节，4K、8K、16K、32K 分辨率，超高清，高动态范围图像

如果想要用 Stable Diffusion 为图 2.2-2 提高分辨率，可以在主体提示词后继续添加 best quality, ultra detailed（最佳质量，超细节）等。

小贴士

1. 提示词建议多用短句。
2. 同类型的提示词最好放在一起，这样 Stable Diffusion 可以同时计算。
3. 提示词并不是越多越好，建议数量控制在 60~75 个。

2.3 提示词的权重

提示词的权重是指某个提示词对画面的重要程度。在使用长段提示词进行绘图时，Stable Diffusion 可能会自动取舍，导致生成的图像中缺少或弱化某些提示词对应的元素，如果希望这个元素在画面中占比较大，就需要增加它的权重。

2.3.1 提示词的顺序

提示词的先后顺序会影响权重比例，通常情况下，越靠前的提示词对画面的影响会越大。如果不对提示词加以控制，只是简单地进行堆砌，画面的最终效果可能会不理想。

例如，要生成一张女孩和小狗的图像，如图 2.3-1 所示。当把女孩的提示词放在小狗提示词的前面时，生成的图像如图 2.3-2 所示。从该图中可以看到，女孩占了图像的大部分画面，而小狗只占画面的一角。

图 2.3-1　　　　　　　　　　　　　　　　　图 2.3-2

如图 2.3-3 所示，当把女孩的提示词放在小狗提示词的后面时，生成的图像如图 2.3-4 所示。从该图中可以看出，相比女孩，小狗占了画面较大的部分。

图 2.3-3　　　　　　　　　　　　　　　　　图 2.3-4

因此，在写提示词时，一般遵循的原则是：先描述整体画面，提及一些概念性、范围较大的词，再详细描述局部细节，最后把控风格、构图和光影效果等，这样才能使生成的图像更贴近于我们想要的效果。

2.3.2　括号的语法

在提示词中使用括号表示增减权重。每用一次"(keyword)"表示将括号内的提示词权重提高 1.1 倍，每用一次"[keyword]"表示将括号内的提示词权重降低 1.1 倍。括号的数量代表权重的倍数，如"((keyword))"表示将括号内的提示词权重提高到 1.1×1.1 倍，即 1.21 倍，以此类推。

除此之外，也可以直接在括号内的提示词后输入冒号，然后写上需要的权重数值，如 (keyword:1.5) 表示将括号内的提示词权重提高 1.5 倍。

下面生成一张蝴蝶和少女的图像，图 2.3-5~ 图 2.3-7 所示依次为蝴蝶权重占比 1、1.1 和 1.5 倍的效果。

图 2.3-5　　　　　　　　　图 2.3-6　　　　　　　　　图 2.3-7

2.3.3　分步描绘

　　Stable Diffusion 还支持分步描绘，可以先绘制前半段提示词内容，再绘制后面的。其语法规则为 [From:to:when]，表示在经过指定数量的步骤后，将位于 From 处的提示词替换为 to 处的提示词。

　　下面画一个既强壮又帅气的男人，迭代步数设置为 25 步。在输入框中输入提示词：A [strong:handsome:15] man（一个 [强壮 : 英俊 : 15] 的男人），这表示 Stable Diffusion 在前 15 步的绘制过程中，绘制对象为"A strong man（一个强壮的男人）"，而后 10 步则基于前 15 步已经生成的强壮男人的图像继续进行计算，绘制对象更改为"A handsome man（一个帅气的男人）"。如图 2.3-8 和图 2.3-9 所示，分别为未分步描绘和分步描绘后的效果图。

图 2.3-8　　　　　　　　　　　图 2.3-9

小贴士

　　当冒号后的数字小于 1 时，表示总迭代步数的百分比。例如，A [strong:handsome:0.7] man（一个 [强壮 : 英俊 : 0.7] 的男人），表示前 70% 步的绘制对象为"A strong man（一个强壮的男人）"，而后 30% 步更改为"A handsome man（一个帅气的男人）"。

2.3.4　交替效果

Stable Diffusion 同样支持生成超现实主义的图像，其语法规则为 A AND B，表示生成的图像同时具有 A、B 两个提示词包含的特征。

此外，默认的提示词编写规则是有先后顺序的，靠前的提示词权重较高，而在使用 AND 语法后，可以让多个提示词的权重保持一致。AND 语法的默认权重值为 1，但同样支持指定权重值，其语法规则为 A: 指定权重值 AND B: 指定权重值。例如，如果想要用 Stable Diffusion 生成一个同时具有狗和熊猫的特征的生物，可以在输入框中输入提示词：A dog :1.2 AND a panda :2（一只狗：1.2 和一只熊猫：2）。

生成的效果图如图 2.3-10 所示。

图 2.3-10

✏ 读书笔记

第3章　图生图

图生图又称"垫图"。顾名思义，是指在上传的参考素材的基础上进行升级重绘，通过 AI 运算生成一张新图像。图生图的工作原理与文生图不同，文生图是通过噪声来产生图像的，而图生图则是结合噪声加图像的运算来产生新图像的。

3.1　图生图的参数

如图 3.1-1 所示，进入 Stable Diffusion 图生图界面后，用户可以看到图生图功能的一些相关参数设置。

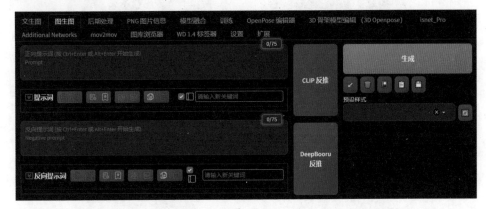

图 3.1-1

这些参数的具体含义分别如下：

● CLIP 反推和 DeepBooru 反推：让 Stable Diffusion 通过上传的图像反向推导出提示词。以图 3.1-2 为例。

CLIP 反推：1 girl with long hair and a bow in her hair is looking at the camera with a serious look on her face

（一个戴着蝴蝶结的长发女孩表情严肃地看着镜头）

DeepBooru 反推：1 girl, brown hair, long hair, solo, brown eyes, ribbon, bow, hair bow, looking at viewer, blush, neck, ribbon, bangs, simple background, white background, shirt, closed mouth

（一个女孩，棕色头发，长发，一个人，棕色眼睛，丝带，蝴蝶结，头发蝴蝶结，看向观众，腮红，脖子，缎带，刘海，简单的背景，白色背景，衬衫，闭着嘴）

通过两种提示词的反推可以看到，DeepBooru 反推出的结果多为短语且描述更加细致；而 CLIP 反推出的结果呈长句，更口语化，对人物的描写也比较笼统。通常情况下，推荐使用 DeepBooru 反推，其结果更贴近于 Stable Diffusion 的提示词风格。

图 3.1-2

如图 3.1-3 所示，相比文生图界面，图生图界面多了"缩放模式"参数。

图 3.1-3

当统一参数，绘制一张 512×512 分辨率的图像并将重绘幅度调整为 0 时，4 种缩放模式生成的效果图分别如图 3.1-4~ 图 3.1-7 所示。

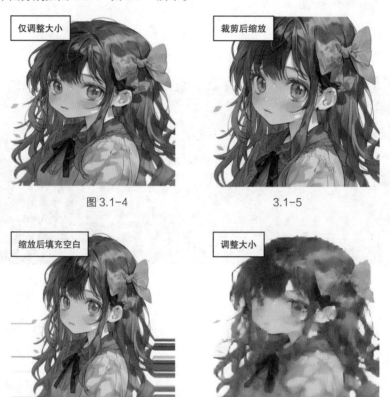

图 3.1-4　　　　　　　　　　　3.1-5

图 3.1-6　　　　　　　　　　　图 3.1-7

● **仅调整大小**：如图 3.1-4 所示，根据画布尺寸进行了相应的压缩，图像中的人物已发生变形。

● **裁剪后缩放**：如图 3.1-5 所示，自动裁剪掉了上下两边的部分内容。如果为横向图，则会自动裁剪掉左右两边的内容。

● **缩放后填充空白**：如图 3.1-6 所示，先把图像缩小到指定的尺寸，然后自动填充周围的空白部分。从该图中可以看到，原图像的左右两侧被自动填充了，但此模式会选取图像边缘的像素点作为填充对象，最后的效果会显得比较死板。

● **调整大小（潜空间放大）**：如图 3.1-7 所示，生成的图像效果有很大的随机性。

如图 3.1-8 所示，其余的参数和文生图板块基本一致，但增加了"重绘幅度"参数。

图 3.1-8

● **重绘幅度**：通过添加噪声的方式来生成新图像。添加的噪声量取决于设置的重绘幅度，该参数范围为 0~1。其中，0 表示不添加噪声，生成的图像和原图像相同；1 表示完全用噪声替换图像。该参数数值越大，生成的图像与原图像差别越大。通常情况下，参数设置为 0.3~0.7，超过 0.7 后，新图像和原图像基本无关，小于 0.3 则差别不明显。当重绘幅度为 0.1~0.9 时，生成的图像依次如图 3.1-9~ 图 3.1-17 所示。

图 3.1-9

图 3.1-10

图 3.1-11

图 3.1-12

图 3.1-13

图 3.1-14

重绘幅度 0.7

图 3.1-15

重绘幅度 0.8

图 3.1-16

重绘幅度 0.9

图 3.1-17

如果想通过上传的图像重新生成一张风格相似的图像，就可以使用图生图功能。具体操作步骤如下：

步骤① 进入 Stable Diffusion 图生图界面并上传图像，如图 3.1-18 所示。

步骤② 如图 3.1-19 所示，选择采样方法为 DPM++ 2M Karras，迭代步数调整为 30，并单击 按钮匹配画面尺寸，其他参数不变。

图 3.1-18

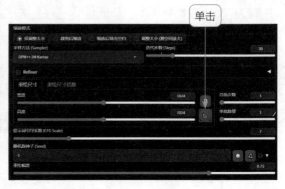

图 3.1-19

步骤③ 如图 3.1-20 所示，选择图像需要的风格模型，并分别填写正向提示词和反向提示词。

图 3.1-20

正向提示词：a girl, at the seaside, long hair, sunny, masterpiece, best quality
一个女孩，在海边，长发，阳光灿烂，杰作，最佳质量

反向提示词：lowres, bad anatomy, bad hands, text, error, missing fingers, extra digit, fewer digits, cropped, worst quality, low quality, normal quality, jpeg artifacts, signature, watermark, username, blurry
低分辨率，糟糕的解剖结构，坏的手，文本，错误，缺少手指，额外的数字，更少的数字，裁剪，最差质量，低质量，正常质量，jpeg 工件，签名，水印，用户名，模糊

步骤④ 单击"生成"按钮，生成的效果图如图 3.1-21 所示。

图 3.1-21

3.2 涂鸦工具

涂鸦工具可以在图像上绘制色块，在此基础上结合提示词就可以进行全图范围的图生图，从而实现更加多样化的重绘效果。

如图 3.2-1 所示，在 Stable Diffusion 图生图界面中可以找到涂鸦工具。

| 图生图 | 涂鸦 | 局部重绘 | 涂鸦重绘 | 上传重绘蒙版 | 批量处理 |

图 3.2-1

涂鸦工具面板与图生图参数面板几乎相同，但涂鸦工具面板比图生图参数面板多出一个画笔工具。在使用涂鸦工具时，上传要修改的图像后，界面右上角会出现 5 个图标，如图 3.2-2 所示。

图 3.2-2

3

这 5 个图标的含义如下：

- ⟲ 撤销：返回上一笔蒙版绘制。
- ⌫ 橡皮擦：清除已绘制的蒙版，回到图像的初始状态。
- ✕ 删除：删除上传的图像。
- ✎ 画笔：单击画笔可以调整画笔大小，并在需要修改的地方绘制蒙版。
- ❂ 调色板工具：单击调色板可以修改画笔颜色。

在画面中增改细节时，可以使用涂鸦工具来完成。例如，在图像中增加几朵向日葵，如果采用文生图的方法，会发现生成的图像效果并不理想。为了让 Stable Diffusion 更明确用户的目的，可以在原图的基础上通过涂鸦工具绘制出向日葵的雏形。具体操作步骤如下：

步骤① 进入图生图界面，选择"绘图"选项，上传要修改的图像，如图 3.2-3 所示。

步骤② 使用涂鸦画笔绘制出向日葵的雏形，如图 3.2-4 所示。

图 3.2-3　　　　　　　　　　　　　　图 3.2-4

步骤③ 选择采样方法为 DPM++ 2M Karras，采样迭代步数调整为 30，并单击 ◿ 按钮匹配画面尺寸，将重绘幅度调整为 0.4，其他参数不变，如图 3.2-5 所示。

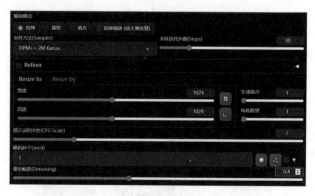

图 3.2-5

步骤④　根据图像所需的风格选择适合的模型并填写提示词，如图 3.2-6 所示。

步骤⑤　单击"生成"按钮，生成的效果图如图 3.2-7 所示。

图 3.2-6　　　　　　　　　　　　　　　　　　图 3.2-7

　　需要注意的是，涂鸦工具是针对画面整体的重绘。在使用涂鸦工具重绘图像时，由于重绘幅度的影响，画面中未被涂鸦的部分也会发生变化。如图 3.2-8 和图 3.2-9 所示，仔细观察，会发现两张图中人物的手、衣服褶皱和背景的花朵等细节都发生了变化。

图 3.2-8　　　　　　　　　　　　　　　　　　图 3.2-9

　　除了可以使用涂鸦工具进行局部重绘外，还可以在自己绘制的简笔图像的基础上填写提示词来生成效果图。具体操作步骤如下：

步骤①　上传底图，单击涂鸦面板中的画笔工具，在底图上进行绘制，如图 3.2-10 所示。

步骤②　根据图像所需的风格选择适合的模型并填写提示词，如图 3.2-11 所示。

图 3.2-10　　　　　　　　　　　　　　　　　　图 3.2-11

正向提示词：A photograph of a snow-covered mountain with a lake in the foregroun. The mountain should be of medium height and located on the left side of the image. This picture includes only half of the mountain. The lake should be clear with a small patch of grass in front of it. There were a few trees on the hill, and the sky behind the hill should be bright, clear blue, with a few wisps of cloud. Use a tripod to keep the camera steady

一张白雪覆盖的山的照片，前景是一个湖。山的高度属于中等，其位于图像的左侧。这张照片只包括了这座山的一半。湖应该是清澈的，前面有一小块草地。山上有几棵树，山后的天空应该是明亮的、清澈的蓝色，还有几缕云。使用三脚架保持相机稳定

步骤③ 采样方法选择 Euler a，迭代步数调整为 30，重绘幅度调整为 0.8，其他参数不变，如图 3.2-12 所示。

步骤④ 单击"生成"按钮，生成的效果图如图 3.2-13 所示。

图 3.2-12　　　　　　　　　　　　　　　　　　图 3.2-13

3.3　涂鸦重绘

涂鸦重绘工具是涂鸦和蒙版的结合，是可以在涂抹颜色的同时进行局部重绘的蒙版绘制。涂鸦重绘可以通过识别带颜色的蒙版，将颜色信息带输出为图像。

在 Stable Diffusion 图生图界面中可以找到涂鸦重绘工具，如图 3.3-1 所示。

| 图生图 | 涂鸦 | 局部重绘 | **涂鸦重绘** | 上传重绘蒙版 | 批量处理 |

图 3.3-1

涂鸦重绘面板的基本功能与涂鸦面板几乎一致。下面用涂鸦重绘工具修改一张小猫的图像。如图 3.3-2 所示，先绘制一个白色蒙版，填写提示词：A cute dog（一只可爱的狗）。单击"生成"按钮后，即可得到一只白色的小狗图像。

图 3.3-2

如果使用涂鸦重绘工具绘制的是一个黄色蒙版，不改变提示词，则完成后的效果如图 3.3-3 所示。

图 3.3-3

同样地，奇怪的颜色也会出现奇怪的效果。如果绘制的是一个蓝色蒙版，不改变提示词，则完成后的效果如图 3.3-4 所示。

图 3.3-4

涂鸦重绘面板比涂鸦面板多了两个参数，即蒙版边缘模糊度和蒙版透明度，如图 3.3-5 所示。这两个参数可以让用户更加精准地控制重绘区域。

图 3.3-5

● 蒙版边缘模糊度：用于调整重绘区域和原图的融合程度，类似羽化效果。
● 蒙版透明度：表示蒙版对原图的影响，数值为 0~100，数值越大，对原图的影响越低。通常情况下，蒙版透明度数值大于 60 后，生成的图像和原图几乎没有区别。

保持其他参数条件不变，在不同的蒙版透明度下，生成的效果图如图 3.3-6~ 图 3.3-8 所示。

图 3.3-6

3

图 3.3-7

图 3.3-8

如果想要改变人像照片中的发色，可以通过涂鸦重绘功能来完成。具体操作步骤如下：

步骤① 如图 3.3-9 所示，进入图生图界面，上传要修改的图像。

步骤② 如图 3.3-10 所示，选择"涂鸦重绘"选项，将涂鸦画笔颜色调整为黄色，并绘制出需要修改的部分。

图 3.3-9

图 3.3-10

步骤③ 如图 3.3-11 所示，为了使融合部分更加柔和自然，将蒙版边缘模糊度调整为 4，蒙版透明度调整为 10，其他参数不变。

图 3.3-11

步骤④ 如图 3.3-12 所示，根据图像所需的风格选择适合的模型并填写提示词。

图 3.3-12

步骤⑤ 单击"生成"按钮，完成后的效果如图 3.3-13 所示。

图 3.3-13

3.4 局部重绘

在使用 Stable Diffusion 时，用户会发现 AI 绘图并不是万能的，画面中或多或少都会存在一些问题。而局部重绘工具可以对图像的局部重新进行绘制，从而得到一张满意的图像。这一工具可以提高生成图像的质量，使生成的图像有更多的可能性。

如图 3.4-1 所示，在 Stable Diffusion 图生图界面中可以找到局部重绘工具。

图 3.4-1

在使用局部重绘工具时，上传要修改的图像后，界面右上角会出现 4 个图标，如图 3.4-2 所示。这 4 个图标的作用与涂鸦工具中相应图标的作用完全相同，但局部重绘中的画笔为单色。

图 3.4-2

图 3.4-3 所示为局部重绘面板中的参数。

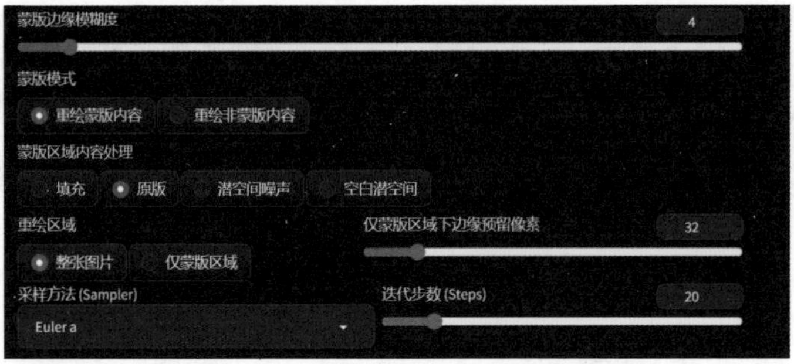

图 3.4-3

这些参数的具体功能如下。

● 蒙版边缘模糊度：用于控制蒙版边缘的模糊程度。模糊度数值越小，色块越硬，最终效果越不自然；模糊度数值越大，色块边缘越柔和，最终效果越理想。重绘区域大小和模糊度成正比，通常情况下，模糊度数值设置不超过 20，过大的模糊度数值会导致蒙版效果不明显。

不同模糊度数值呈现的效果如图 3.4-4~ 图 3.4-11 所示。

图 3.4-4

图 3.4-5

图 3.4-6

图 3.4-7

图 3.4-8

图 3.4-9

图 3.4-10

图 3.4-11

● 蒙版模式

■ 重绘蒙版内容：重新绘制色块里的内容，其他全部保留。如图 3.4-12 所示，为画面的主体建立一个蒙版，选择"重绘蒙版内容"，并将提示词更改为 dog（狗），图像画面就从猫趴在草地上变成了狗趴在草地上。

图 3.4-12

- 重绘非蒙版内容：重新绘制色块以外的内容，保留蒙版内容。如图 3.4-13 所示，为画面的主体建立一个蒙版，选择"重绘非蒙版内容"，并将提示词更改为 garden（花园），图像画面就从猫趴在草地上变成了猫趴在花园里。

图 3.4-13

- 蒙版区域内容处理
  - 填充：不考虑原图的任何元素生成图像，效果如图 3.4-14 所示。
  - 原版：根据原图的元素生成图像（最常用），效果如图 3.4-15 所示。

图 3.4-14   图 3.4-15

- 潜空间噪声：不考虑原图的任何元素，但比填充模式更具创新性，色彩更丰富，细节更饱满，效果如图 3.4-16 所示。

■ 空白潜空间：不考虑原图的任何元素，但有更多细节，效果如图 3.4-17 所示。

图 3.4-16　　　　　　　　　　　　图 3.4-17

● 重绘区域

■ 整张图片：以原图大小为基础重绘蒙版区域。最终效果如图 3.4-18 所示。优点是与原图融合度较高，缺点是细节较不足。

■ 仅蒙版区域：仅修改蒙版区域。最终效果如图 3.4-19 所示。优点是细节较丰富，缺点是画面融合度不足。

图 3.4-18　　　　　　　　　　　　图 3.4-19

如果要修改画面中的细节部分，就可以使用局部重绘工具。具体操作步骤如下：

步骤①　进入图生图界面，选择"局部重绘"选项，上传要修改的图像，如图 3.4-20 所示。

步骤②　如图 3.4-21 所示，使用涂鸦画笔绘制出需要修改的部分。

图 3.4-20　　　　　　　　　　　　图 3.4-21

步骤③ 如图 3.4–22 所示，为了使融合部分更加柔和自然，将“蒙版边缘模糊度”调整为 6，“蒙版模式”选择“重绘蒙版内容”，其他参数不变。

缩放模式
仅调整大小
裁剪后缩放
缩放后填充空白
调整大小(潜空间放大)
蒙版边缘模糊度
6
蒙版模式
重绘蒙版内容
重绘非蒙版内容
蒙版区域内容处理
填充
原版
潜空间噪声
空白潜空间
重绘区域
整张图片
仅蒙版区域
仅蒙版区域下边缘预留像素
32
采样方法 (Sampler)
Euler a
迭代步数 (Steps)
30

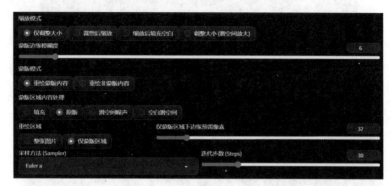

图 3.4–22

步骤④ 如图 3.4–23 所示，根据图像所需的风格选择适合的模型并填写提示词。

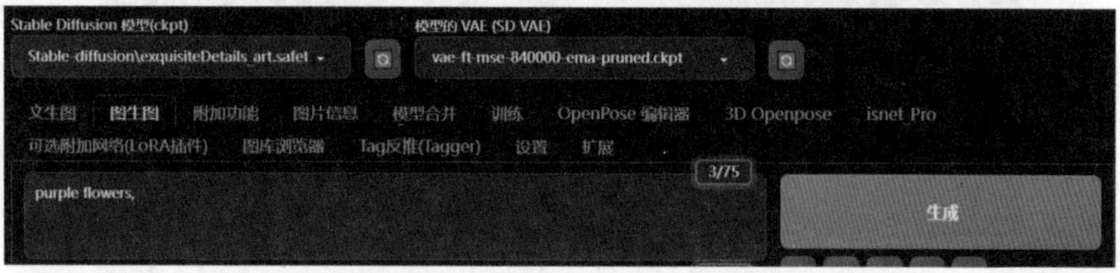

Stable Diffusion 模型(ckpt)
Stable-diffusion\exquisiteDetails_art.safet
模型的 VAE (SD VAE)
vae-ft-mse-840000-ema-pruned.ckpt
文生图
图生图
附加功能
图片信息
模型合并
训练
OpenPose 编辑器
3D Openpose
isnet_Pro
可选附加网络(LoRA插件)
图库浏览器
Tag反推(Tagger)
设置
扩展
3/75
purple flowers,
生成

图 3.4–23

步骤⑤ 单击“生成”按钮，完成后的效果如图 3.4–24 所示。从该图中可以看到，女生的头花变成了紫色。

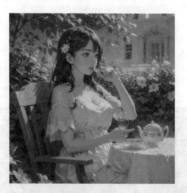

图 3.4–24

3.5 上传重绘蒙版

在 Stable Diffusion 中，上传重绘蒙版工具的作用与局部重绘工具的作用几乎相同，都是用于图像的重新绘制，但上传重绘蒙版界面中的蒙版可以用 Photoshop 或其他工具制作。这样可以更加精确地控制需要重绘的部分。当用户需要重绘比较复杂的事物时，就可以使用上传重绘蒙版工具。

如图 3.5-1 所示，在 Stable Diffusion 图生图界面中可以找到上传重绘蒙版工具。

| 图生图 | 涂鸦 | 局部重绘 | 涂鸦重绘 | 上传重绘蒙版 | 批量处理 |

图 3.5-1

如图 3.5-2 所示，使用上传重绘蒙版工具时，会出现两个上传框，分别为上传原图区域和上传蒙版区域。

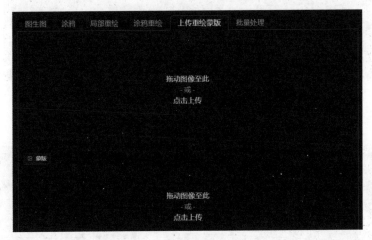

图 3.5-2

如果想要为图像更换背景，就可以使用上传重绘蒙版工具。具体操作步骤如下：

步骤① 如图 3.5-3 所示，使用 Photoshop 制作产品的蒙版图。

步骤② 进入图生图界面，选择"上传重绘蒙版"选项，并分别上传要修改的图像和蒙版，如图 3.5-4 所示。

图 3.5-3

图 3.5-4

步骤③ 如图 3.5-5 所示，在蒙版模式中选择"重绘非蒙版内容"，其他参数不变。

图 3.5-5

步骤④ 如图 3.5-6 所示，选择采样方法为 DPM++ 2M Karras，"迭代步数"调整为 30，并单击 ▣ 按钮匹配画面尺寸，将"重绘幅度"调整为 0.75，其他参数不变。

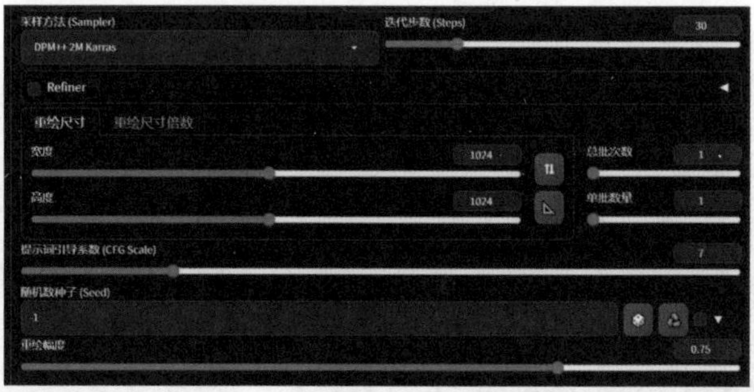

图 3.5-6

步骤⑤ 如图 3.5-7 所示，根据图像所需的风格选择适合的模型并填写提示词。

图 3.5-7

> 提示词：a bottle of green liquid sitting on top of a rock next to flowers and leaves on a table top（一瓶绿色的液体放在石头上，旁边是桌子上的鲜花和树叶）

步骤⑥ 单击"生成"按钮，完成后的效果如图 3.5-8 所示。

图 3.5-8

3

第4章 脚本功能

Stable Diffusion 具有强大的脚本功能，可以高效地对比参数之间的异同，并提高图像生成的效率。

4.1 X/Y/Z plot

如果想要对比不同参数对图像画面的影响，如采样方法、模型、迭代步数等，可以通过 X/Y/Z plot（X/Y/Z 图表）这个脚本来实现。如图 4.1–1 所示，在脚本栏中选择 X/Y/Z plot，该脚本支持对比的参数如图 4.1–2 所示。

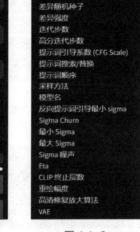

图 4.1-1　　　　　　　　　　　　　　　图 4.1-2

脚本有 X 轴、Y 轴、Z 轴三种类型。其中，X 轴类型表示横向的数据；Y 轴类型表示纵向的数据；Z 轴类型将 X 轴类型和 Y 轴类型组合展示的图像再分组展示。

下面对比不同采样方法下的出图效果。首先找到 X 轴类型，选择"采样方法"，如图 4.1–3 所示，然后在 X 轴值中选择想要对比的采样方法，如图 4.1–4 所示。

图 4.1-3　　　　　　　　　　　　　　　　图 4.1-4

完成后，单击"生成"按钮，即可生成图 4.1-5 所示的图像。这里依次展示了不同采样方法对图像效果的影响。

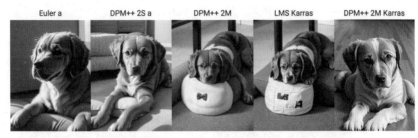

图 4.1-5

如果还想在此基础上同时对比其他参数，如迭代步数，可以在"Y 轴类型"中选择 Steps，然后在"Y 轴值"中选择想要对比的迭代步数值，如图 4.1-6 所示。

完成后，单击"生成"按钮，即可生成图 4.1-7 所示的图像。这里依次展示了不同的采样方法和不同的迭代步数对图像效果的影响。

图 4.1-6

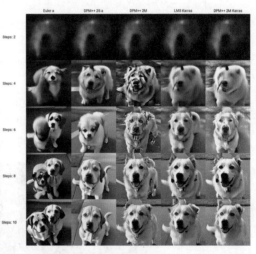

图 4.1-7

同时，还可以用"Z 轴类型"对比模型参数，在"Z 轴类型"中选择 Checkpoint name，然后在"Z 轴值"中选择想要对比的模型，如图 4.1-8 所示。

图 4.1-8

完成后，单击"生成"按钮，即可生成图 4.1-9 所示的图像。这里依次展示了不同的采样方法、不同的迭代步数和不同的模型对图像效果的影响。

anything45Inpainting_v10–inpainting.safetensors majicmixRealistic_v7.safetensors

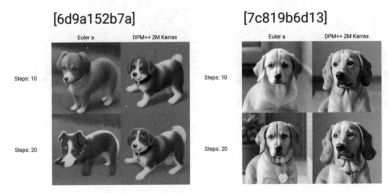

图 4.1-9

如图 4.1-10 所示，X/Y/Z plot 脚本下还有一些基础的参数设置，这些参数的具体含义如下。

● 包含图例注释：生成图周围的文字注解，可以方便用户进行对比，一般情况下保持勾选状态。

● 保持种子随机：勾选该选项后，生成的每张图像都将是一个随机种子图，即生成的画面主体都不相同。

● 包含次级图像：勾选该选项后，除了生成对比图外，还会生成组合图中独立出的单张图像。

● 包含次级网格图：勾选该选项后，会将最后 Z 轴生成的一组组合图分成两组。

● 网格图边框（单位：像素）：组合图的边框，数值越高，边框越粗。

图 4.1-10

4.2 提示词矩阵

如果想要对比不同的提示词对图像画面的影响，可以通过提示词矩阵（Prompt matrix）这个脚本来实现。如图 4.2-1 所示，在脚本栏中选择 Prompt matrix。

不同组提示词之间用"|"分隔，格式为：①|②|③。其中，第一条竖线前的①提示词表示固定的内容，即生成的每张图像中都会包含①提示词中的内容；第一条竖线后的所有内容都是变化的提示词。例如，想要生成一张风景图，并对比不同季节对图像画面的影响，提示词就可以写作 Street | winter| summer（街道|冬天|夏天）。其中，Street（街道）相当于①，

是固定的提示词；winter（冬天）和 summer（夏天）是变化的提示词，其他参数不变。完成后，单击"生成"按钮，即可生成图 4.2-2 所示的图像。

图 4.2-1

图 4.2-2

图 4.2-2 中依次展示了不同的提示词搭配对图像效果的影响。其中，左上为①提示词的内容；右上为①②提示词结合的内容；左下为①③提示词结合的内容；右下为①②③提示词结合的内容。

如图 4.2-3 所示，提示词矩阵脚本下还有一些基础的参数设置，这些参数的具体含义如下。

● 把可变部分放在提示词文本的开头：勾选该选项后，生成 4 张图片。其中，左上为①提示词的内容；右上为②①提示词结合的内容；左下为③①提示词结合的内容；右下为②③①提示词结合的内容。提示词的位置越靠前，占画面的权重比越高。因此，如果需要明显表现变化部分的内容，推荐勾选该选项。

● 为每张图片使用不同随机种子：勾选该选项后，生成的每张图像都会采用不同的随机种子，即生成的画面主体都不相同。

● 选择提示词：决定了脚本对哪一个文本框中的提示词生效，可以根据自身需求自由选择。

● 选择分隔符：决定了提示词之间是通过逗号分隔还是通过空格分隔。

● 网格图边框（单位：像素）：组合图的边框，数值越高，边框越粗。

图 4.2-3

4.3 批量载入提示词

如果需要批量生成多组提示词进行出图，可以通过批量载入提示词这个脚本来实现。如

图 4.3-1 所示，在脚本栏中选择 Prompts from file or textbox（从文本框或文件载入提示词）。

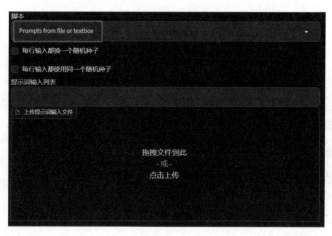

图 4.3-1

目前提示词的输入支持两种方式：直接输入文本和上传文件。两者遵循同样的规则：

（1）每组提示词都以 --prompt 开头，并且需要用半角引号括起来。

（2）如果后面还有参数设置，在同一行中用空格和两个短横线符号 (--) 隔开。

（3）参数与参数之间用空格隔开。

（4）图片以行为单位，一行就会生成一张图。

整体格式：--prompt "提示词" 空格 -- 参数数值（步数 / 宽高 / 采样方法等）。例如，--prompt"A young woman, brown hair, big eyes"--steps 20（一个年轻的女人，棕色头发，大眼睛，迭代步数 20 步）。

如果要一次性生成 4 张不同的图像，可以如图 4.3-2 所示，将 4 行参数导入"提示词输入列表"，每行提示词会生成一张对应的图像，如图 4.3-3 所示。

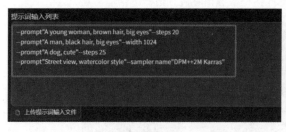

图 4.3-2

图 4.3-3

4.4 其他脚本功能

除了前面介绍的脚本功能，Stable Diffusion 还有一些其他的脚本功能可以对图像进行后期的加工处理。

4.4.1 图像高清放大

如果生成的图像画质较差，则放大后会有模糊不清的噪点，如图 4.4-1 所示。这时可以选择"发送到后期处理"，如图 4.4-2 所示。

图 4.4-1   图 4.4-2

如图 4.4-3 所示，一般情况下，将"缩放比例"设为 4，"放大算法 1"选择 R-ESRGAN 4x+。

小贴士

    R-ESRGAN 4x+ 通常用于写实风格的绘画，R-ESRGAN 4x+Anime6B 通常用于动漫风格的绘画。

"GFPGAN 可见程度"为面部修复程度，"CodeFormer 可见程度"为面部重建程度。当 CodeFormer 强度为 0 时，效果最强；当 CodeFormer 强度为 1 时，效果最弱。

单击"生成"按钮，生成的图像如图 4.4-4 所示。从该图中可以发现，相较图 4.4-1，这张图像的细节部分变得更加清晰了。

图 4.4-3   图 4.4-4

4.4.2　图像信息提取

如果想要查看一张图像的基本信息，可以选择菜单栏中的"PNG 图片信息"选项卡，将图像拖入信息栏中，即可获得图像的详细信息。如图 4.4-5 所示，用户可以查看图像的大小、采样方法、模型、迭代步数等参数，从而更好地进行后续操作。

图 4.4-5

✏️ 读书笔记

第二部分　提高篇

第 5 章　ControlNet 插件应用

ControlNet 是一种基于控制点的图像变形算法，主要用于数字图像处理、计算机视觉和计算机图形学等领域。ControlNet 可以根据给定的控制点对图像进行非线性变形，从而实现对图像的精确控制和调整。

ControlNet 的优势在于它能够在不失真的情况下对图像进行高度精细的调整，从而更好地适应图像的特征。ControlNet 的使用将会带来更高质量的绘画结果与更快的绘画速度，进一步推动 AI 绘画技术的发展。

5.1　ControlNet 的安装

ControlNet 的安装分为插件的安装和模型的安装。

5.1.1　ControlNet 插件的安装

目前在网络上 Stable Diffusion 的整合包中，大多已经自动安装了 ControlNet 插件。如图 5.1-1 所示，用户可以在 Stable Diffusion 界面的最下方找到该插件。

图 5.1-1

如果没有 ControlNet 插件，也可以自行下载。具体步骤如下：

步骤① 进入 Stable Diffusion 的扩展界面，单击"加载扩展列表"按钮，如图 5.1-2 所示。

图 5.1-2

步骤② 在搜索框中输入 controlnet，单击右边的"安装"按钮即可自动安装，如图 5.1-3 所示。

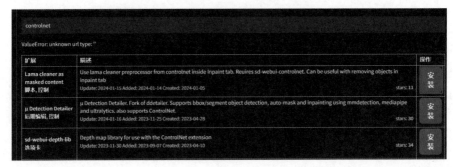

图 5.1-3

5.1.2　ControlNet 模型的安装

安装完插件后，还需要单独下载 ControlNet 模型。具体步骤如下：

步骤①　打开浏览器，在搜索栏中输入 Hugging Face 网站地址。进入网站后，在搜索栏中找到 ControlNet 模型，单击页面右侧的下载图标进行下载，如图 5.1-4 所示。通常情况下，模型扩展名为 .pth，文件大小一般在 1.4GB 左右。

图 5.1-4

步骤②　下载完成后，将模型保存在 \Stable-diffusion-webui\models\ControlNet 或 \Stable Diffusion\extensions\sd-webui-controlnet\models 路径下，如图 5.1-5 所示。

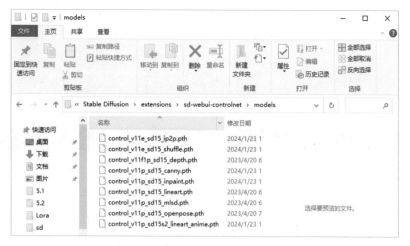

图 5.1-5

步骤③ 完成上述步骤后，刷新 Stable Diffusion 界面即可使用模型。

5.2 ControlNet 的界面简介

进入 ControlNet 界面，该界面布局大致分成 5 个功能区域：ControlNet 控制单元区、图像上传区、基础功能区、控制模型区和参数调整区。

5.2.1 ControlNet 控制单元区

如图 5.2-1 所示，ControlNet 单元 0~2 表示默认设置的 3 个 ControlNet 选项界面，能够在使用 Stable Diffusion 的过程中同时调用多个 ControlNet 模型、使用多种控制方式。

图 5.2-1

5.2.2 图像上传区

如图 5.2-2 所示，从左至右分别为素材处理框、预处理结果预览窗口。

图 5.2-2

- 素材处理框：上传处理前的原始图像的区域。
- 预处理结果预览窗口：处理后的图像将会在该区域显示。

5.2.3 基础功能区

如图 5.2-3 所示，用户可以在此界面中启用 ControlNet 的基本功能。

图 5.2-3

- 启用：表示是否启用该 ControlNet 单元。勾选该选项，单击右上角的"生成"按钮，将会实时通过 ControlNet 的相关设置引导图像生成。如果未勾选该选项，单击"生成"按钮，将会自动忽略 ControlNet 的所有设置。
- 低显存模式：如果当前的显卡内存小于 4GB，建议勾选该选项。
- 完美像素模式：自动生成更高分辨率的图像。
- 允许预览：勾选该选项后，将会显示预处理后的执行结果预览框，便于观察生成的图像效果。

5.2.4 控制模型区

如图 5.2-4 所示，ControlNet 的每个预处理器都有不同的功能，可以让生成的图像呈现不同的效果。模型是指与各预处理器匹配的专属模型。

图 5.2-4

- 预处理器：可以根据上传的素材，生成具有不同特征效果的图像，如 Canny（硬边缘检测）、Depth（深度）、Invert（对白色背景黑色线条图像反相处理）、Normal（法线贴图提取）等。具体效果依次如图 5.2-5 ~ 图 5.2-8 所示。在此基础上，再结合 ControlNet 模型，从而实现对构图的控制。

图 5.2-5　　　　　　　　　　　　　　　图 5.2-6

图 5.2-7　　　　　　　　　　　　　　　　　　图 5.2-8

如图 5.2-9 所示，选择预处理器，下方将会出现系列参数。这些参数主要决定预处理器如何从图像中提取信息并生成效果图，每种预处理器生成的效果图可能有所差别，而初始状态下的参数可以应对大多数场景，建议不要刻意更改。

图 5.2-9

● 模型：表示与各预处理器相匹配的专属模型。所选的模型必须与预处理器的类型相匹配，才能保证生成预期的结果。

5.2.5　参数调整区

如图 5.2-10 所示，可以在界面中调整 ControlNet 的基本参数。

图 5.2-10

● 控制权重：表示使用 ControlNet 模型辅助控制 Stable Diffusion 生成图像时的强度，通常情况下默认为 1。如图 5.2-11 ~ 图 5.2-16 所示，分别为同一参数下不同权重对出图效果的影响。

图 5.2-11　　　　　　　　图 5.2-12　　　　　　　　图 5.2-13

图 5.2-14　　　　　　　　图 5.2-15　　　　　　　　图 5.2-16

● 引导介入时机：表示从图像生成过程中的哪一步开始使用 ControlNet 进行控制。若数值为 0，则表示从一开始就使用 ControlNet 控制图像的生成；若数值为 0.5，则表示从 50% 的步数开始使用 ControlNet 控制图像的生成。通常情况下默认为 0。如图 5.2-17 ~ 图 5.2-22 所示，分别为同一参数下不同引导介入时机对出图效果的影响。

图 5.2-17　　　　　　　　图 5.2-18　　　　　　　　图 5.2-19

图 5.2-20　　　　　　　　图 5.2-21　　　　　　　　图 5.2-22

● 引导终止时机：与引导介入时机相对应，表示在图像生成过程中的哪一步结束 ControlNet 的控制。若数值为 1，则表示使用 ControlNet 进行控制直到图像生成完成。如图 5.2-23 ~ 图 5.2-28 所示，分别为同一参数下不同引导终止时机对出图效果的影响。

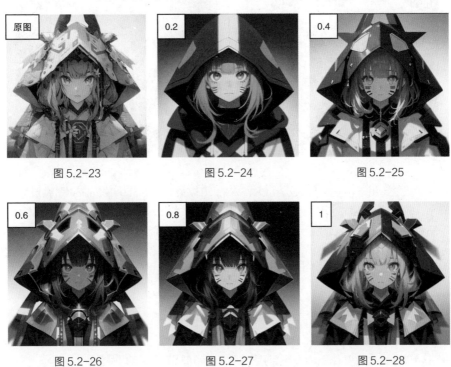

<table>
<tr><td>图 5.2-23</td><td>图 5.2-24</td><td>图 5.2-25</td></tr>
<tr><td>图 5.2-26</td><td>图 5.2-27</td><td>图 5.2-28</td></tr>
</table>

● 控制模式：控制提示词与 ControlNet 之间的配比，影响出图效果更偏向于提示词信息还是 ControlNet。通常情况下，推荐选择默认的均衡模式，代表二者兼顾。如图 5.2-29 ~ 图 5.2-32 所示，分别为原图、均衡、更偏向提示词、更偏向 ControlNet 模式。

图 5.2-29

图 5.2-30

5

更偏向提示词　　　　　　　　　　　更偏向 ControlNet

图 5.2-31　　　　　　　　　　　图 5.2-32

● 缩放模式：用于调整图像大小。ControlNet 图像最好与 Stable Diffusion 图像设置为相同的分辨率。若分辨率不同，则调整结果会受到下方参数的影响：仅调整大小会导致图像变形，裁剪后缩放会切割图像，缩放后填充空白会添加内容，与图生图板块中的缩放效果类似。

● [回送] 自动将生成后的图像发送到此 ControlNet 单元：一般只在反复迭代的连续生成场景下用到，默认关闭。

5.3 ControlNet 模型简介

ControlNet 中有多种模型，每种模型对应着不同的采集方式和应用场景。下面简单介绍一些具有代表性、在日常作图中会频繁用到的控制类型 ControlNet 模型。

如图 5.3-1 所示，在文生图中输入提示词，并将生成的图像导入 ControlNet。在相同的参数条件下设置不同的 ControlNet 模型，并将控制模式选择更偏向 ControlNet 模式。

> 提示词
>
> A cartoon girl in a red shirt and striped shirts watching her hair blow out, childlike innocence and charm, joyful and optimistic, gentle expressions, colorized
>
> 一个穿着红色条纹衬衫的卡通女孩看着她的头发被吹起来，孩子般的天真和魅力，快乐和乐观，温柔的表情，色彩斑斓

● Canny（硬边缘检测）：如图 5.3-2 所示，该模型能够检测识别图像中线条较硬的边缘轮廓特征，并提取生成线稿图。

图 5.3-1　　　　　　　　　　　图 5.3-2

● Depth（深度）：如图 5.3-3 所示，该模型可以识别图像中的深度信息，提取物体特征，进而估算画面中每个物体的前后关系，并生成与原图具有同样深度结构的图像。其中，颜色越白的区域代表离镜头越近；颜色越黑的区域代表离镜头越远。

图 5.3-3

● Lineart（线稿）：如图 5.3-4 所示，该模型可以检测出图像中的线稿信息并呈现图像轮廓。与 Canny 模型类似，但 Lineart 模型提取的线稿会更加精准。

图 5.3-4

● Normal（法线贴图提取）：如图 5.3-5 所示，该模型可以根据图像生成一张记录凹凸纹理信息的法线贴图，描述光线在物体上如何反弹。它更适合用于游戏制作领域，常用于贴在低模上模拟高模的复杂光影效果。

图 5.3-5

- Openpose（姿态）：如图5.3-6所示，该模型通过姿势识别，可以快速提取人体姿态，如脸、手、腿等关键位置信息，从而生成人物的骨骼图，进一步精准控制人物的动态。

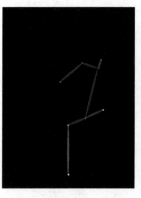

图5.3-6

- Seg（语义分割）：如图5.3-7所示，该模型可以对图像内容（人物、景别等）进行语义分割，通过不同色块来区分画面中的不同事物。常用于大场景的画风更改。

图5.3-7

- Shuffle（随机洗牌）：如图5.3-8所示，该模型可以获取输入图像的配色，将图像进行扭曲，再随机生成配色方案相似的图像。

图5.3-8

● Softedge（软边缘检测）：如图 5.3-9 所示，该模型可以检测并保留图像的软边缘轮廓，但是内部线条细节较弱，没有 Canny 模型检测出的边缘轮廓那么细致，而是更加宽松并富有柔性，提取的边缘线具有一定的渐变效果，给绘画过程提供更大的灵活性和创造空间。

图 5.3-9

● Tile（分块采样）：如图 5.3-10 所示，该模型可以在增大图像分辨率的同时，增加大量的细节特征，从而在原图布局的基础上进行高清放大和随机生图。

图 5.3-10

● Scribble（涂鸦）：如图 5.3-11 所示，该模型能够提取图中曝光度与对比度较明显的区域，生成黑白稿，比 Canny 模型的生成图更灵活自由，出图结果也更具有创造性。

图 5.3-11

5

● MLSD（直线线条检测）：如图 5.3–12 所示，该模型可以通过线条检测算法分析图中的线条结构和几何形状，并构建出相应的建筑外框（直线），常用于提取具有直边轮廓的图像，如室内设计、建筑物和纸张边缘等，对人像等有弧度的物体边缘提取效果较差。

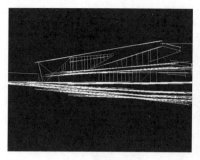

图 5.3–12

5.4 ControlNet 预处理器简介

ControlNet 模型下有不同类别的预处理器，可以呈现出不同的出图效果。下面简单介绍一些常用的 ControlNet 预处理器类型。

5.4.1 Openpose 预处理器

如图 5.4–1 所示，Openpose 预处理器下有 5 种细分后的预处理器，分别为 openpose（OpenPose 姿态）、openpose_face（OpenPose 姿态及脸部）、openpose_faceonly（OpenPose 仅脸部）、openpose_full（OpenPose 姿态、手部及脸部）、openpose_hand（OpenPose 姿态及手部）。

> ✓ openpose (OpenPose 姿态)
> openpose_face (OpenPose 姿态及脸部)
> openpose_faceonly (OpenPose 仅脸部)
> openpose_full (OpenPose 姿态、手部及脸部)
> openpose_hand (OpenPose 姿态及手部)

图 5.4–1

● openpose（OpenPose 姿态）：如图 5.4–2 所示，openpose 能够识别图像中人物的整体骨架（眼睛、鼻子、脖子、肩膀、肘部、腕部、膝盖和脚踝等）。

图 5.4–2

● openpose_face（OpenPose 姿态及脸部）：如图 5.4-3 所示，openpose_face 能在 openpose 预处理器的基础上增加脸部关键点的检测与识别。

图 5.4-3

● openpose_faceonly（OpenPose 仅脸部）：如图 5.4-4 所示，openpose_faceonly 仅能检测与识别脸部的关键点信息。

图 5.4-4

● openpose_full（OpenPose 姿态、手部及脸部）：如图 5.4-5 所示，openpose_full 能够识别图像中人物的整体骨架、脸部和手部关键点。

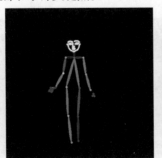

图 5.4-5

● openpose_hand（OpenPose 姿态及手部）：如图 5.4-6 所示，openpose_hand 能够识别图像中人物的整体骨架和手部关键点。

图 5.4-6

  如何选择 Openpose 预处理器，需要根据自己想要的图像效果来决定。以 openpose（OpenPose 姿态）预处理器为例，具体操作步骤如下：

  步骤① 如图 5.4-7 所示，打开 ControlNet 面板，将图像拖入 ControlNet 图像窗口，勾选"启用"选项。

图 5.4-7

  步骤② 预处理器选择 openpose，模型选择 control_v11p_sd15_openpose [cab727d4]，单击 ■（预览）按钮，预处理结果如图 5.4-8 所示。

图 5.4-8

  步骤③ 如图 5.4-9 所示，采样方法选择 DPM++ 2M Karras，将迭代步数调整为 30。

图 5.4-9

步骤④　如图 5.4-10 所示，根据自己的需求填写提示词：A girl stood by the street, the wind blowing her hair（一个女孩站在街道上，风吹着她的头发）。

图 5.4-10

步骤⑤　如图 5.4-11 所示，根据自身需求选择图像的宽高比例。

图 5.4-11

步骤⑥　完成后单击"生成"按钮，最终效果图如图 5.4-12 所示。

图 5.4-12

5.4.2　Depth 预处理器

如图 5.4-13 所示，Depth 预处理器下有 4 种细分后的预处理器，分别为 depth_leres（LeReS 深度图估算）、depth_leres++（LeReS 深度图估算 ++）、depth_midas（MiDaS 深度图估算）和 depth_zoe（ZoE 深度图估算）。

depth_leres (LeReS 深度图估算)
depth_leres++ (LeReS 深度图估算++)
depth_midas (MiDaS 深度图估算)
depth_zoe (ZoE 深度图估算)

图 5.4-13

● depth_leres（LeReS 深度图估算）：如图 5.4-14 所示，depth_leres 成像焦点通常在中间景深层，可以让图像呈现出更远的景深，但近景图像的边缘会比较模糊。

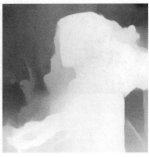

图 5.4-14

● depth_leres++（LeReS 深度图估算 ++）：如图 5.4-15 所示，depth_leres++ 深度信息估算能力较强，在 depth_leres 预处理器的基础上，还可以给图像增加很多细节，但比较占用内存空间。

图 5.4-15

● depth_midas（MiDaS 深度图估算）：如图 5.4-16 所示，depth_midas 是最常用的深度信息估计器，在其生成的图像中，人物与背景的分离感比较明显。

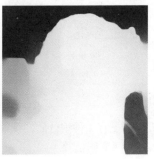

图 5.4-16

● depth_zoe（ZoE 深度图估算）：如图 5.4-17 所示，depth_zoe 深度信息估算能力强，与 depth_midas 相比，估算能力更均匀。

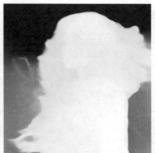

图 5.4-17

如何选择 Depth 预处理器，需要根据自己想要的图像效果来决定。以 depth_leres 预处理器为例，具体操作步骤如下：

步骤① 如图 5.4-18 所示，打开 ControlNet 面板，将图像拖入 ControlNet 图像窗口，勾选"启用"选项。

图 5.4-18

步骤② 预处理器选择 depth_leres，模型选择 control_v11f1p_sd15_depth[cfd03158]，单击 ▓（预览）按钮，预处理结果如图 5.4-19 所示。

图 5.4-19

步骤③ 如图 5.4-20 所示，单击右下方的 ⤴（统一图像尺寸）按钮，与原图尺寸进行匹配。

图 5.4-20

步骤④ 如图 5.4-21 所示，"采样方法"选择 DPM++ 2M Karras，将"迭代步数"调整为 30。

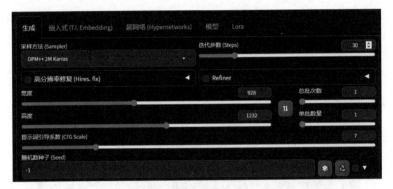

图 5.4-21

步骤⑤ 如图 5.4-22 所示，根据自己的需求填写提示词：window, chair, no_humans, curtains, indoors, table（窗户，椅子，没有人，窗帘，室内，桌子）。

图 5.4-22

步骤⑥ 完成后单击"生成"按钮，最终效果图如图 5.4-23 所示。

图 5.4-23

5.4.3 Softedge 预处理器

如图 5.4-24 所示，Softedge 预处理器下有 4 种细分后的预处理器，分别为 softedge_hed（软边缘检测 – HED）、SoftEdge_HEDSafe（软边缘检测 – 保守 HED 算法）、SoftEdge_PiDiNet（软边缘检测 – PiDiNet 算法）、SoftEdge_PiDiNetSafe（软边缘检测 – 保守 PiDiNet 算法）。

> ✓ softedge_hed (软边缘检测 - HED)
> SoftEdge_HEDSafe (软边缘检测 - 保守 HED 算法)
> SoftEdge_PiDiNet (软边缘检测 - PiDiNet 算法)
> SoftEdge_PiDiNetSafe (软边缘检测 - 保守 PiDiNet 算法)

图 5.4-24

● softedge_hed（软边缘检测 – HED）：如图 5.4-25 所示，softedge_hed 在细节和边缘处理上较柔和，细节丰富，生成的图像质量最好。

图 5.4-25

● SoftEdge_HEDSafe（软边缘检测 – 保守 HED 算法）：如图 5.4-26 所示，SoftEdge_HEDSafe 在细节和边缘处理上较硬朗。

图 5.4-26

● SoftEdge_PiDiNet（软边缘检测 – PiDiNet 算法）：如图 5.4-27 所示，SoftEdge_PiDiNet 在细节和边缘处理上最为柔和且细节丰富，但生成的图像质量不如 softedge_hed 预处理器。

图 5.4-27

● SoftEdge_PiDiNetSafe（软边缘检测 – 保守 PiDiNet 算法）：如图 5.4-28 所示，SoftEdge_PiDiNetSafe 生成的图像质量仅次于 softedge_hed 预处理器。

图 5.4-28

如何选择 Softedge 预处理器，需要根据自己想要的图像效果来决定。以 softedge_hed 预处理器为例，具体操作步骤如下：

　　步骤①　如图 5.4-29 所示，打开 ControlNet 面板，将图像拖入 ControlNet 图像窗口，勾选"启用"选项。

图 5.4-29

　　步骤②　预处理器选择 softedge_hed，模型选择 control_v11p_sd15_softedge [a8575a2a]，单击 ■（预览）按钮，预处理结果如图 5.4-30 所示。

图 5.4-30

　　步骤③　如图 5.4-31 所示，"采样方法"选择 DPM++ 2M Karras，将"迭代步数"调整为 30。

图 5.4-31

步骤④ 如图 5.4-32 所示，根据自己的需求填写提示词：1 girl, wearing a blue skirt, pink hair（一个女孩，穿着蓝色的裙子，粉头发）。

图 5.4-32

步骤⑤ 完成后单击"生成"按钮，最终效果图如图 5.4-33 所示。

图 5.4-33

5.4.4 Scribble 预处理器

如图 5.4-34 所示，Scribble 预处理器下有 3 种细分后的预处理器，分别为 scribble_hed（涂鸦 - 整体嵌套）、scribble_pidinet（涂鸦 - 像素差分）、scribble_xdog（涂鸦 - 强化边缘）。

scribble_hed (涂鸦 - 整体嵌套)
scribble_pidinet (涂鸦 - 像素差分)
scribble_xdog (涂鸦 - 强化边缘)

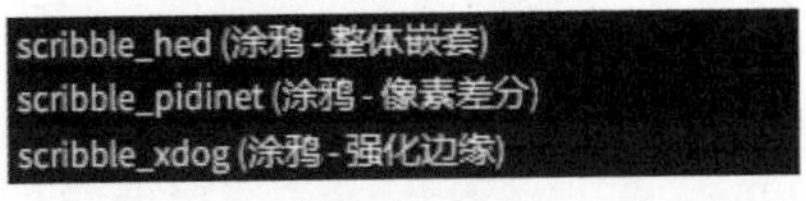

图 5.4-34

● scribble_hed（涂鸦 - 整体嵌套）：如图 5.4-35 所示，scribble_hed 是一个边缘检测器，能够生成图像轮廓，适用于重新着色和重新设计图像。

图 5.4-35

● scribble_pidinet（涂鸦 - 像素差分）：如图 5.4-36 所示，scribble_pidinet 能够检测曲线和直边。生成的效果与 scribble_hed 预处理器类似，但一般会产生更清晰的线条和更少的细节。

图 5.4-36

● scribble_xdog（涂鸦 - 强化边缘）：如图 5.4-37 所示，scribble_xdog 能够进行边缘检测，可以通过调整阈值来控制图像中的特征和细节。

图 5.4-37

如何选择 Scribble 预处理器，需要根据自己想要的图像效果来决定。以 scribble_hed 预处理器为例，具体操作步骤如下：

步骤① 如图 5.4-38 所示，打开 ControlNet 面板，将图像拖入 ControlNet 图像窗口，勾选"启用"选项。

图 5.4-38

步骤② 预处理器选择 scribble_hed，模型选择 control_v11p_sd15_scribble [d4ba51ff]，单击 ■（预览）按钮，预处理结果如图 5.4-39 所示。

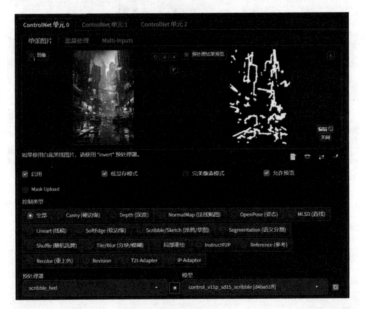

图 5.4-39

步骤③ 如图 5.4-40 所示，"采样方法"选择 Euler a，将"迭代步数"调整为 30。

图 5.4-40

步骤④ 如图 5.4-41 所示，根据自己的需求填写提示词：city, skyscraper, building（城市，摩天大楼，建筑）。

图 5.4-41

步骤⑤ 如图 5.4-42 所示，根据自身需求选择图像的宽高比例。

图 5.4-42

步骤⑥ 完成后单击"生成"按钮，最终效果图如图 5.4-43 所示。

图 5.4-43

5.4.5 Lineart 预处理器

Lineart 预处理器可以对图像边缘的线稿进行提取，但它的使用场景包括真实系和动漫系两个方向。如图 5.4-44 所示，Lineart 预处理器下有 5 种细分后的预处理器，分别为 lineart_anime（动漫线稿提取）、lineart_anime_denoise（动漫线稿提取 – 去噪）、lineart_coarse（粗略线稿提取）、lineart_realistic（写实线稿提取）、lineart_standard（标准线稿提取 – 白底黑线反色）。

图 5.4-44

● lineart_anime（动漫线稿提取）：如图 5.4-45 所示，lineart_anime 用于生成动漫风格的线稿和素描信息。

图 5.4-45

● lineart_anime_denoise（动漫线稿提取 – 去噪）：如图 5.4-46 所示，lineart_anime_denoise 为 lineart_anime 预处理器的优化版，在提取动漫风格线稿的同时，还能进行降噪处理，但同样会损失大部分细节。

图 5.4-46

● lineart_coarse（粗略线稿提取）：如图 5.4-47 所示，lineart_coarse 用于生成粗糙的线稿和素描信息，线条相较于其他预处理器会偏粗一点。

图 5.4-47

● lineart_realistic（写实线稿提取）：如图 5.4-48 所示，lineart_realistic 能够较好地提取人物线稿部分，生成十分精细的线条。

图 5.4-48

● lineart_standard（标准线稿提取 – 白底黑线反色）：如图 5.4-49 所示，lineart_standard 能够将黑白图像转换为线稿或素描，能较好地还原场景中的线条，但会增加部分光影关系和背景线条，如果想保留参考图中的光影，可以使用这个预处理器。

图 5.4-49

如何选择 Lineart 预处理器，需要根据自己想要的图像效果来决定。以 lineart_anime 为例，具体操作步骤如下：

步骤① 如图 5.4–50 所示，打开 ControlNet 面板，将图像拖入 ControlNet 图像窗口，勾选"启用"选项。

图 5.4–50

步骤② 预处理器选择 lineart_anime，模型选择 control_v11p_sd15_lineart[43d4be0d]，单击■（预览）按钮，预处理结果如图 5.4–51 所示。

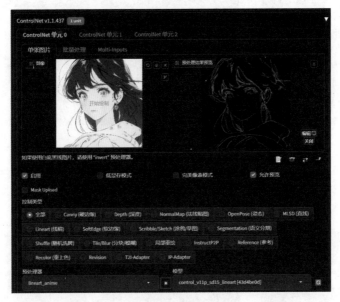

图 5.4–51

步骤③ 如图 5.4–52 所示，"采样方法"选择 Euler a，将"迭代步数"调整为 30。

图 5.4–52

步骤④ 如图 5.4-53 所示，根据自己的需求填写提示词：1 girl（一个女孩）。

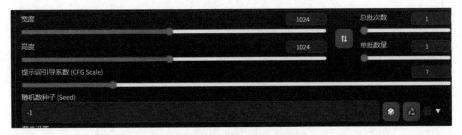

图 5.4-53

步骤⑤ 如图 5.4-54 所示，根据自身需求选择图像的宽高比例。

图 5.4-54

步骤⑥ 完成后单击"生成"按钮，最终效果图如图 5.4-55 所示。

图 5.4-55

✎ 读书笔记

第 6 章 Embedding 模型训练

模型训练是 Stable Diffusion 的必要环节，是指对大量数据的处理和分析。Stable Diffusion 面对输入的大量数据和素材，没办法做到准确、快速地识别并输出用户想要的图像。因此为了实现这一目标，必须对算法中的配置参数进行调整，让 AI 从大量的图像数据库中提取特征、优化算法和参数，最后统一取一组条件较均衡、识别率较高的参数值，而这就是模型训练的流程。

6.1 Embedding 模型简介

Embedding 又称 Textual Inversion，中文名为"文本反转"或"文本嵌入"。它是一种使用文本提示来训练模型的方法，通俗地讲就是将系列的提示词打包为一个词包并生成一个 Embedding 模型，然后嵌入用户的提示词中。

Embedding 模型通常用于角色特征和反向提示词的训练。虽然 Checkpoint 模型中包含的数据信息很多，但该模型的文件包非常大（通常为 10GB 左右），使用起来较困难。而相比之下，Embedding 模型很小（通常只有 50KB 左右），如果想训练一款能体现人物某个特征的模型，就可以使用 Embedding。

例如，在生成某个小众的动漫角色的图像时，选择了动漫风格的大模型后，即使在提示词中精准描述了该角色的形象特征，生成的图像与人物原型也并不那么相似。

这时就可以用少量的角色图像训练出一个 Embedding 模型。在大模型生成图像时，Embedding 模型会将角色对应的特征提示词嵌入大模型的词汇库中。用户可以根据自身需求更改模型名称，这样在后期使用时只需在提示词中加入模型名称即可，Stable Diffusion 就能自动生成准确的角色形象。

Embedding 模型小、成本低、应用广泛，除了可以生成特定的人物形象，还可以调整画风和人物的姿势动作，非常适合新手使用。

同样地，因为 Embedding 模型的训练量小，生成的图像精度有限，并且不如 Dreambooth 插件和 LoRA 模型稳定，所以在正向提示词中的应用并不广泛。

在使用 Stable Diffusion 生成图像的过程中，往往需要输入很多反向提示词来规避低质量图像的出现。而 Embedding 模型的功能非常适用于反向提示词的嵌入，可以辅助 Stable Diffusion 生成更好的图像效果。

6.2 训练前的基础设置

在进行模型训练前，用户还需要进行一些基础设置和数据准备，这样才能保证训练过程正常进行。

6.2.1 设备要求

计算机显存至少为 6GB，舒适使用需要 12GB。

6.2.2　数据集的准备

数据集是指训练模型时需要用到的图像素材，为了保证最终成果的质量，数据集应满足以下要求。

- 尽量保证图像风格和内容的一致性。
- 图像素材必须为正方形且裁剪为同样的比例，宽高为 64 的倍数。推荐使用 512×512 分辨率。
- 至少需要 30 张图像进行训练，推荐使用 50~70 张。
- 训练程序对数据集的质量非常敏感，所以要求图像的背景尽可能简洁干净，不要出现太过杂乱的文字或符号。

6.2.3　参数设置

如图 6.2-1 所示，在 Stable Diffusion 的菜单栏中找到并单击"设置"选项，进行以下基础设置。

图 6.2-1

如图 6.2-2 所示，在"设置"界面的"反推设置"选项中，取消勾选"deepbooru 反推结果按字母顺序排序（不推荐开启）"选项。

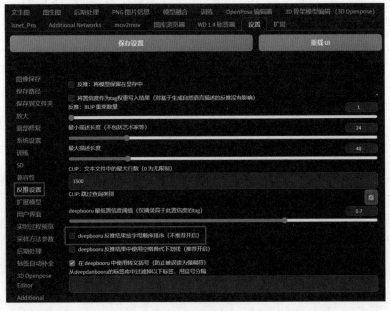

图 6.2-2

如图 6.2-3 所示，将"deepbooru 最低置信度阈值（仅摘录高于此置信度的 tag）"的参数值调整为 0.75。该参数决定了画面中角色被过滤掉的细节，数值越大，被过滤掉的细节就越多，一般情况下推荐设置为 0.75。

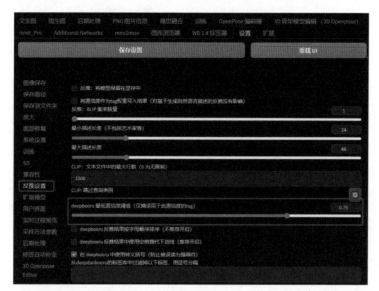

图 6.2-3

如图 6.2-4 所示，在"设置"界面的"训练"选项中，勾选"如果可行，训练时将 VAE 和 CLIP 模型从显存移动到内存，可节省显存"选项。因为 VAE 模型会影响到 Embedding 的训练结果，所以需要提前将其从显存转移到内存。

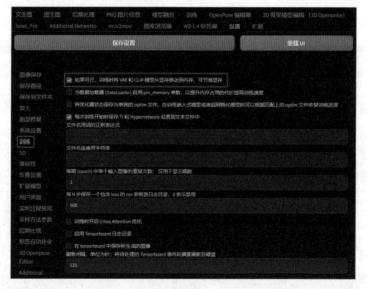

图 6.2-4

完成后，保存设置并单击"重载 UI"按钮重载 UI（User Interface，用户界面）。

6.3 创建 Embedding 模型

如图 6.3-1 所示，在 Stable Diffusion 的菜单栏中选择"训练"选项，在"训练"界面中选择"创建嵌入式模型"选项。

图 6.3-1

该选项下各个参数的含义如下。

- 名称：可自定义填写，但需要很独特，不能与常见的词语重复。
- 初始化文本：根据训练的对象填写，如果训练的对象为人物，那么填写"1 girl（一个女孩）"或"1 boy（一个男孩）"。

- 每个词元的向量数：Stable Diffusion 默认输入的提示词上限为 75 个，如果选择在 Embedding 模型中嵌入 10 个词元，即 Embedding 模型的一个提示词代表了 10 个词。因此，数值越大，嵌入 Embedding 模型的信息就越多。但这个数值并不是越大越好，数值需要和训练的样本数量相匹配。通常情况下，如果训练 30 ~ 40 张图像，推荐调整为 6 个词元；如果训练 40 ~ 60 张图像，推荐调整为 8 ~ 10 个词元；如果训练 60 ~ 100 张图像，推荐调整为 10 ~ 12 个词元；如果训练超过 100 张图像，推荐调整为 12 ~ 16 个词元。
- 覆盖同名嵌入式模型文件：勾选该选项后，会覆盖名称相同的 Embedding 旧模型。

完成后单击下方的"创建嵌入式模型"按钮，创建的模型将出现在 \Stable Diffusion\embeddings 路径下。

6.4 图像预处理

前面章节已经准备好数据集并创建完模型，本节将介绍图像预处理的具体操作步骤。

首先，需要新建文件夹，以保存处理前后的图像。如图 6.4-1 所示，在 Stable Diffusion 的根目录（\Stable Diffusion）中新建一个名为 Train 的文件夹，在 Train 文件夹中新建一个以 Embedding 模型名称命名的文件夹，在这里以 CNB157 命名。然后在 CNB157 文件夹中分别新建名为"CNB157_ 前"和"CNB157_ 后"的文件夹，用来存储原始的图像素材和预处理后的图像素材。

图 6.4-1

如图 6.4-2 所示，在 Stable Diffusion 的菜单栏中选择"训练"选项，在"训练"界面中选择"图像预处理"选项。

图 6.4-2

● 源目录：填入需要训练的图像样本所在的目录，即 \Stable Diffusion\Train\CNB157\CNB157_ 前。

● 目标目录：填入存储预处理后的图像所在的目录，即 \Stable Ddiffusion\Train\CNB157\CNB157_ 后。

● 宽度 / 高度：选择训练的图像的尺寸大小。

● 对已有标注的 txt 文件的操作：在下拉菜单中选择如何解决和以前已经训练过的模型名之间的冲突。其中的选项包括忽略、复制、前置（放在原文件名前）、追加（放在原文件名后）。一般情况下，保持默认的 ignore 选项。

● 保持原始尺寸：勾选该选项后，训练后的图像将保持原尺寸大小。通常情况下不推荐勾选，建议统一图像尺寸。

● 创建水平翻转副本：勾选该选项后，会在目标目录中同时输入样本图像的镜像副本。如果样本图像数量过少，如少于 15 张，建议勾选该选项，这样就有两倍数量的训练集了，会使模型效果更好。

● 分割过大的图像：勾选该选项后，如果图像尺寸太大，超过了设置的分辨率，就会自动裁切为两张或两张以上的图像，而裁切后的图像尺寸大小仍然为设置的分辨率，但被分割的图像内容可能会有交集。

● 自动面部焦点剪裁：勾选该选项后，可以对图像中的人物脸部进行自动对焦和剪裁。通常情况下不推荐勾选，建议根据自身需求手动剪裁。

● 自动按比例剪裁缩放：勾选该选项后，可以根据设置的尺寸对训练的图像进行自动剪裁。

● 使用 BLIP 生成标签（自然语言）：勾选该选项后，可以使用 BLIP 模型为图像自动添加文字标注，通常情况下建议勾选，但该功能不太适合二次元风格的图像。

> 小贴士
>
> BLIP 是一种多模态 Transformer 模型，可以进行图像标注或回答问题。用 BLIP 模型标注的内容更符合自然语言的特征。

● 使用 Deepbooru 生成标签：勾选该选项后，可以利用提示词堆砌的方式给图像打标签，但因为是系统自动生成的，打出的标签未必精准。

完成后单击下方的"预处理"按钮，即可进行图像预处理任务。

6.5 开始训练

在训练前再检查一次准备的数据集和设置的参数，确认无误后，在 Stable Diffusion 的菜单栏中选择"训练"选项，在"训练"界面中选择"训练"选项，如图 6.5-1 所示。

图 6.5-1

如图 6.5-2~ 图 6.5-4 所示，模型训练前需要进行相关参数的设置。这里训练的是 Embedding 模型，只需设置图 6.5-2 中左边栏的选项。

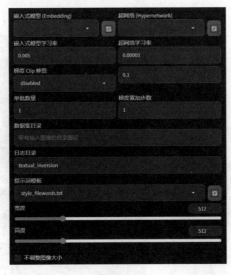

图 6.5-2

- 嵌入式模型（Embedding）：选择之前创建 Embedding 模型时起的名称。
- 嵌入式模型学习率：学习率是指训练模型时每次更新参数所使用的步长大小，可以简单地理解为训练的速率。如果数值设置得太低，会影响训练的效率；如果数值设置得太高，又会导致 Embedding 模型有震荡和崩坏的风险。学习率的设置通常取决于数据集和模型的复杂度。如果数据集非常大或模型非常复杂，推荐采用较低的学习率，防止过度拟合或梯度爆炸；如果数据集较小或模型比较简单，推荐采用较高的学习率，这样可以让模型更快地收敛。除此之外，还建议在训练的早期用相对较高的速率，中后期用相对较低的速率。
- 梯度 Clip 修剪：可以在训练过程中将误差导数改变或剪裁到阈值，并利用剪裁后的梯度来更新权值。适合超网络（Hypernetwork）模型训练，不适合 Embedding 模型训练，所以这里推荐选择默认的 disabled 选项。
- 单批数量：这里的数值是指一次放入计算机显存中的样本图像数量。如果 GPU 性能很好，显存也比较大，可以设置较高的值。
- 梯度累加步数：可以将训练中的数据样本按单批数量拆分为几个小批次，然后按顺序计算，与单批数量是相乘的关系。例如，有 20 张训练图片，如果 GPU 性能足够好、显存也足够大，可以设置单批数量为 20，那么梯度累加步数为 1；如果 GPU 和显存比较一般，可以设置单批数量为 2，那么梯度累加步数为 10。可以根据实际情况和自身需求来设置。但注意不要让单批数量和梯度累加步数的乘积超过数据集中样本图像的总数。
- 数据集目录：选择需要训练的图像样本所在的目录。
- 日志目录：选择示例图像和训练后的副本将写入的目录。
- 提示词模板：用于训练的提示词模板文件，以扩展名为 ".txt" 的形式存在。如图 6.5-3 所示，如果训练对象为某种风格模型，则在下拉菜单中选择 "style.txt"；如果训练对象为某种事物，则在下拉菜单中选择 "subject.txt"。filewords 代表生成的图像在目标文件中的格式。
- 宽度／高度：设置为正方形，最好为 512×512。
- 最大步数：该数值表示训练将在多少步后结束。即使中途中断训练过程，之前完成的步骤也会被保存下来。最大步数的设置通常与样本图像的数量有关，数量越多，最大步数就可以设置得越大，如图 6.5-4 所示。但要注意，最大步数不是越多越好，因为过多反而会起到反作用。

图 6.5-3　　　　　　　　　　　　图 6.5-4

● 每 N 步保存一张图像到日志目录，0 表示禁用：勾选该选项后，每 N 步就会输出一张代表当前训练进度的图像。默认为 500 步，但建议结合总步数进行设置，这样方便用户了解模型的训练过程。

● 每 N 步将 Embedding 的副本保存到日志目录，0 表示禁用：勾选该选项后，每 N 步就会输出一个阶段性的训练模型文件。默认为 500 步，但同样建议结合总步数进行设置，这样方便用户了解模型的训练过程。

● 使用 PNG 图片的透明通道作为 loss 权重：勾选该选项后，需要在训练的图像中添加带有 Alpha 通道（Alpha 通道指图像的透明和半透明度）的 PNG 图，让训练的焦点集中在 Alpha 通道指定的区域，从而提高训练效率。

● 保存嵌入 Embedding 模型的 PNG 图片：勾选该选项后，将自动保存前面每 N 步存储的图片和 Embedding 模型到日志目录。一般默认勾选。

● 进行预览时，从文生图选项卡中读取参数（提示词等）：勾选该选项后，生成的图像信息也会被同步展示，如参数、提示词、模型等。

● 创建提示词时按 ','打乱标签（tags）：勾选该选项后，在生成提示词时，会在提示词的标签间添加 ','，从而打乱标签的前后顺序，有助于缓解过度拟合或权重爆炸等问题。

● 创建提示词时丢弃标签（tags）：勾选该选项后，有助于缓解过度拟合或权重爆炸等问题。通常设置为 0.1，建议数值不要超过 0.3。

● 选择潜变量采样方法：通常选择"可复现的"或"随机"选项。"单次复用"可能会导致 VAE 无法正确采样。

设置完基本参数后，单击"训练嵌入式模型"按钮即可开始训练。在训练过程中随时可以通过单击"中止"按钮中止训练。

✎ 读书笔记

第 7 章　Hypernetwork 模型训练

Hypernetwork 是一种利用神经网络生成模型参数的方法。它可以从模型内部找到与需求相似的东西，进一步生成近似内容的图像。如果想要训练属于自己的特定风格，那么 Hypernetwork 是一个不错的选择。Hypernetwork 可以将不同的训练数据纳入一个图像，并改变图像的输出结果。

7.1　Hypernetwork 模型简介

Hypernetwork 中文名为"超网络"，是一种模型微调技术，也是一个附属于 Stable Diffusion 稳定扩散模型上的小型神经网络，通俗地讲就是一种额外训练出来的辅助模型，用于修正稳定扩散模型的风格。

Hypernetwork 模型的工作原理是：在不修改主模型权重的情况下，通过在 U-Net 噪声预测器中的交叉注意层之前插入一个小的附属网络来拦截并修改信息，以达到模型微调的效果。在训练期间，Stable Diffusion 的基础模型被锁定，但是附加的 Hypernetwork 模型可以改变。因此，Hypernetwork 模型适合在 Checkpoint 大模型的基础上再进行画风模仿。这也意味着 Hypernetwork 只是一个辅助的微调模型，不能单独运行，需要配合 Checkpoint 大模型共同生成图像。

Embedding 模型比较适合用于训练人物类型的角色。Hypernetwork 模型则是对主模型的微调，所以泛化效果更好，多用于画风的训练。Hypernetwork 模型的文件体积通常只有 200MB 左右。

7.2　训练前的基础设置

在进行模型训练前，用户还需要进行一些基础设置和数据准备，这样才能保证训练过程正常进行。具体操作可参考 6.2 节。

7.3　创建 Hypernetwork 模型

如图 7.3-1 所示，在 Stable Diffusion 的菜单栏中找到并单击"训练"选项，在"训练"界面中选择"创建超网络（Hypernetwork）"选项。

该选项下各个参数的含义如下。

● 名称：可自定义填写，但需要很独特，不能与常见的词语重复。

● 模块：选择的数字表示被编码为三维矩阵中的维度，数字越大，越靠近整个网络架构的中间部分。通常情况下，按照默认的勾选即可，注意不要取消 768、320、640、1280 这几项。

● 超网络层结构：可以设置网络结构的参数。输入框中默认的结构为 1, 2, 1。中间的 2 表示该网络由两个中间层（又称隐藏层）组成，左右两边的 1 分别表示输入层与输出层。超网络层结构有两种设计方式：一种是宽度；另一种是深度。宽度大的结构（即增加中间层的数值）适合训练全新的模型，如 1, 5, 1；深度大的结构（即增加中间层的层数）适合归纳总结已有的画风，如 1, 2, 2, 2, 1。超网络的层数越大、越多，模型容纳的风格信息越多，保留的细节也越多。同样地，训练时间越长，生成的模型文件也越大。

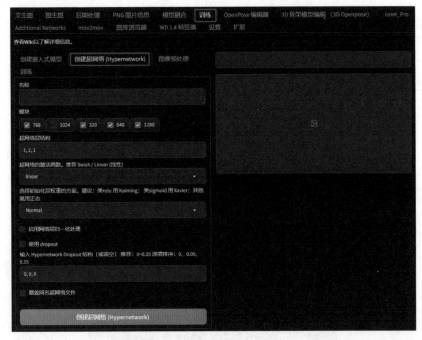

图 7.3-1

● 超网络的激活函数。推荐 Swish \ Linear（线性）：神经元节点上的函数运算，可以提高神经网络的非线性拟合能力和表达能力，从而帮助神经网络学习和执行复杂的任务。Linear（线性）函数的效果类似于没有激活的效果。Swish 函数适合深度更大的网络（ReLU 函数适合宽度更大的网络）。该下拉菜单中还有许多其他函数，有兴趣可以自行实验。

● 选择初始化层权重的方案。建议：类 relu 用 Kaiming；类 sigmoid 用 Xavier；其他就用正态：通常情况下，推荐选择默认的 Normal 状态。如果在没有进行层归一化处理的情况下选择下拉菜单中的其他选项，就很容易在训练前期导致模型崩溃。

● 启用网络层归一化处理：勾选该选项后，每个中间层运算后会添加规范化处理，从而防止超网络过度拟合，使训练过程更加稳定。但根据经验，勾选后的效果并不明显，建议取消勾选。

● 使用 dropout：勾选该选项后，可以防止超网络过度拟合，但会显著减缓训练进度，并需要调高训练的学习率。

● 输入 Hypernetwork Dropout 结构（或留空）推荐：0~0.35 递增排序：0、0.05、0.15：可以防止超网络过度拟合。通常情况下，推荐按 0~0.35 递增顺序来设置，如 0,0.05,0.15，或者保留默认数值 0,0,0。

● 覆盖同名超网络文件：勾选该选项后，则会覆盖名称相同的 Hypernetwork 旧模型。

完成后单击下方的"创建超网络（Hypernetwork）"按钮，创建的模型将出现在 \Stable-diffusion-webui\models\Hypernetworks 路径下。

7.4 图像预处理

在准备好数据集并创建完模型后，即可进行图像预处理。具体操作可参考 6.4 节。

7.5 开始训练

在训练前再检查一次准备的数据集和设置的参数，确认无误后，在 Stable Diffusion 的菜单栏中选择"训练"选项，在"训练"界面中选择"训练"选项，如图 7.5-1 所示。

图 7.5-1

如图 7.5-2 和图 7.5-3 所示，进行模型训练前需要进行相关参数的设置。这里训练的是 Hypernetwork 模型，只需设置界面右边栏的选项。

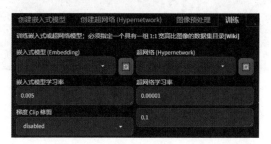

图 7.5-2

● 超网络（Hypernetwork）：选择之前创建 Hypernetwork 模型时起的名称。

● 超网络学习率：学习率是指训练模型时每次更新参数所使用的步长大小，可以简单地理解为训练的速率。如果数值设置得太低，会影响训练的效率；如果数值设置得太高，又会导致 Hypernetwork 模型有震荡和崩坏的风险。学习率的设置通常取决于数据集和模型的复杂度。如果数据集非常大或模型非常复杂，推荐采用较低的学习率，这样可以防止过度拟合或梯度爆炸；如果数据集较小或模型比较简单，推荐采用较高的学习率，这样可以让模型更快地收敛。除此之外，还建议在训练的早期用相对较高的速率，中后期用相对较低的速率。

如图 7.5-3 所示，后面的参数可参考 6.5 节。

图 7.5-3

设置完基本参数后，单击"训练嵌入式模型"按钮，即可开始训练，如图 7.5-4 所示。在训练过程中随时可以单击"中止"按钮中止训练。

图 7.5-4

第 8 章　LoRA 模型训练

LoRA 是一类通过低维结构近似大模型的高维结构来降低其复杂性的技术。在 Stable Diffusion 中与 Hypernetwork、ControlNet 一样，都是在不修改大模型的前提下，利用少量数据训练画风、IP 或人物，从而实现定制化需求。

8.1 LoRA 模型简介

LoRA 模型是一种微调模型，不能独立生成图像，常常用作大模型的补充，从而生成某种特定主体或者风格的图像。LoRA 模型的详细参数如图 8.1-1 所示。与 Stable Diffusion 中的大模型相比，LoRA 模型的文件包只有 70MB 左右。

图 8.1-1

LoRA 模型必须搭配大模型使用，一次可以选择多个 LoRA 模型进行叠加。图 8.1-1 中标注了 Base Model:SD 1.5，表示该模型是基于一个名为 SD 1.5 的大模型进行训练的，使用时也必须配合 SD 1.5 大模型才能生成想要的效果。

例如，在生成某个特定风格的图像时，选择大模型后生成的图像如图 8.1-2 所示。如果图像的风格效果并不明显，可以在提示词后增加一个 LoRA 模型达到风格调整的作用，生成的图像如图 8.1-3 所示。

图 8.1-2　　　　　　　　　　　　　　图 8.1-3

8.2 LoRA 模型的类型

LoRA 模型作为微调模型，实际应用中的可选择项非常多，用户可以根据自身需求进行选择。常见的 LoRA 模型见表 8.2-1。

表 8.2-1　常见的 LoRA 模型

LoRA	大模型	触发词
blindbox/ 大概是盲盒	SD1.5 或其他（不同模型生成的图像差异较大，建议多使用写实风格类的模型，但是用其他模型也会生成不一样的画风，也值得一试）	Full body, chibi
科技感 DDicon_LoRA	DDicon	DDicon
动漫 AnimeLineart/Manga-like	Anything V4.5	((AnimeLineart,lineart))
墨心 MoXin	Chilloutmix	Shuimobysim,wuchangshuo,bo nian,zhengbanqiao,badashanren
mw_bpch_ 扁平风格插画	mw_Anime Painting 二次元	bp_ch

8.3 训练前的基础设置

在进行模型训练前，需要进行一些基础设置和数据准备，这样才能保证训练过程正常进行。

8.3.1　设备要求

计算机显存至少为 6GB，8GB 显存就可以比较流畅地生成图像和训练 LoRA 模型。

8.3.2　数据集的准备

在开始训练 LoRA 模型前，首先明确自己想要训练的图像类型，如人物角色、姿势、绘图风格、服饰、物体、特定元素和场景等。

在准备数据时，可以将图像分为以下两类。

● 具象的：如人物、姿势、服装等。该类型的图像一般建议准备 20 张左右。

● 抽象的：如场景、画风、色彩风格等。该类型的图像一般建议准备 50 张以上。

为了保证最终成果的质量，准备的数据集应满足以下要求。

（1）尽量使用清晰无遮挡的图像作为训练素材，人像要保证面部清晰，无任何遮挡（如头发、手等）。

（2）尽量使用画质清晰、分辨率高、质量好的图像。

在准备好素材后，需要利用 Photoshop 对图像进行简单的处理。如图 8.3-1 所示，去除图像背景，添加白色背景，画面内只保留人物。

図 8.3-1

8.4 开始训练

现在训练 LoRA 模型的主流方法有两种，分别是朱尼酱的赛博丹炉和秋叶的训练脚本。其中，赛博丹炉的界面更简单，也更好操作。

8.4.1 赛博丹炉的下载

如图 8.4-1 所示，解压下载的安装包，找到 E:\cybertronfurnace1.4\cfurnace_ui 路径下的 Cybertron Furnace.exe 文件，双击启动。启动后的页面如图 8.4-2 所示。

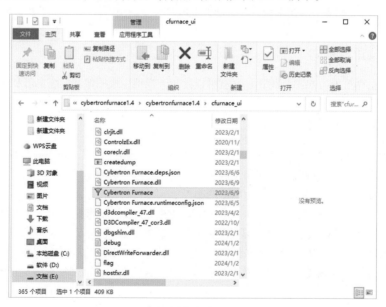

图 8.4-1

单击"开启炼丹炉"按钮，正式进入丹炉内部界面，如图 8.4-3 所示。

图 8.4-2

图 8.4-3

8.4.2 训练过程

进入丹炉内部界面后，用户就可以开始进行模型训练了。具体操作步骤如下：

步骤① 如图 8.4-4 所示，在"基础模型"选项中选择麦橘的 majicMIX realistic_v5 preview.safetensors 作为底模。召唤词可以根据训练的内容自行命名。开启"样张预览"选项，即可在训练的过程中每 50 步生成一张图，方便用户随时查看训练效果。

图 8.4-4

步骤② 如图 8.4-5 所示，上传准备好的素材，将分辨率调整为 512×512，模式选择"无需裁剪"，TAG 选择"自动 TAG"，并勾选"脸部加强训练"选项。完成后单击"预处理"按钮。

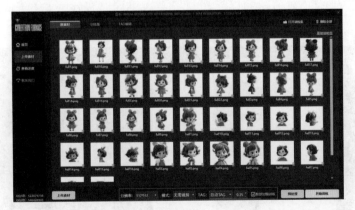

图 8.4-5

步骤③ 等待片刻后，图像被处理成了脸部和上半身聚焦的图像，如图8.4-6和图8.4-7所示。

图 8.4-6

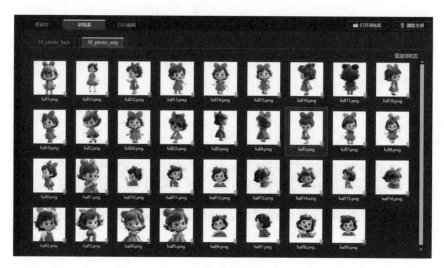

图 8.4-7

步骤④ 如图8.4-8所示，进入"TAG编辑"界面，检查每张图的TAG，查看召唤词是否和人物匹配，删除不正确的，也可以新增一些需要的。检查完成后，单击右下角的"开始训练"按钮。

图 8.4-8

步骤⑤ 如图 8.4-9 所示，在训练的过程中，每 50 步就会显示训练成果，用户可以通过右下角的小窗口观察目前的效果。完成训练后，单击"模型"按钮即可保存。

图 8.4-9

步骤⑥ 如图 8.4-10 所示，用户可以在 cybertronfurnace1.4\train\model 路径下找到所有的训练数据。

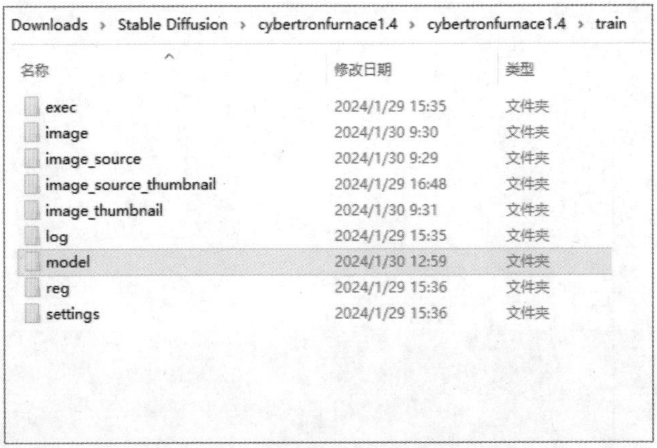

图 8.4-10

第三部分　实战篇

第 9 章　插画绘制

在传统插画绘制的基础上，借助 Stable Diffusion 先进而稳定的扩散技术，可以将绘画过程变得流畅而直观，使画者可以轻松释放创意，从而快速完成精美的插画。无论是插画从业者还是初学者，Stable Diffusion 都将成为其创作道路上的稳定助手，为插画艺术注入全新活力。本章将详细讲解如何用 Stable Diffusion 绘制插画。

9.1　人像绘制

如果想要制作个性化的动漫头像，Stable Diffusion 可以在真实照片的基础上绘制出动漫风格的角色。具体实现见以下案例。

1. 最终效果图

原图如图 9.1-1 所示。最终效果图如图 9.1-2 所示。

图 9.1-1　　　　　　　　　　　图 9.1-2

2. 步骤详解

步骤① 如图 9.1-3 所示，打开 Stable Diffusion，选择"图生图"选项卡，根据图像所需的风格选择适合的模型。例如，本案例需要将真实照片转换为动漫风格，可以选择接近动漫风格的模型。

图 9.1-3

步骤② 如图 9.1-4 所示，在图片上传区域上传图像。

图 9.1-4

步骤③ 如图 9.1-5 和图 9.1-6 所示，单击"DeepBooru 反推"按钮，可以获得与所选模型相对应的提示词。

图 9.1-5

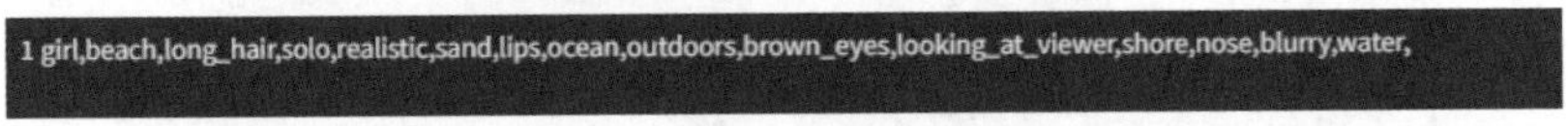

1 girl,beach,long_hair,solo,realistic,sand,lips,ocean,outdoors,brown_eyes,looking_at_viewer,shore,nose,blurry,water,

图 9.1-6

步骤④ 如图 9.1-7 所示，根据自己的需求，适当编辑和修改 Stable Diffusion 提供的提示词，然后填写反向提示词，以确保生成的动漫风格头像符合个人偏好和要求。

图 9.1-7

正向提示词：1 girl, beach, lips, long hair, looking at viewer, ocean, outdoors, realistic, sand, shore, solo, water, 一个女孩，海滩，嘴唇，长发，看向观众，海洋，户外，现实主义，沙滩，海岸，单人，水，

反向提示词：NSFW, (worst quality:2), (low quality:2), (normal quality:2), lowres, normal quality, ((monochrome)), ((grayscale)), skin spots, acnes, skin blemishes, age spot, (ugly:1.331), (duplicate:1.331), (morbid:1.21), (mutilated:1.21), (tranny:1.331), mutated hands, (poorly drawnhands:1.5), blurry, (bad anatomy:1.21), (bad proportions:1.331), extra limbs, (disfigured:1.331), (missing arms:1.331), (extra legs:1.331), (fused fingers:1.61051), (too many fingers:1.61051), (unclear eyes:1.331), lowers, missing fingers, extra digit, bad hands, ((extra arms and legs)),

工作场所不宜，（最差质量：2），（低质量：2），（正常质量：2），低分辨率，正常质量，（（单色）），（（灰度）），皮肤斑点，痤疮，皮肤瑕疵，老年斑，（丑陋：1.331），（重复：1.331），（病态：1.21），（残缺：1.21），（变性：1.331），突变的手，（画得不好的手：1.5），模糊，（糟糕的解剖结构：1.21），（坏比例：1.331），额外的四肢，（毁容：1.331），（缺少手臂：1.331），（额外的腿：1.331），（融合的手指：1.61051），（手指太多：1.61051），（眼睛不清楚：1.331），降低，缺指，多指，坏手，（（多胳膊和腿）），

步骤⑤ 如图 9.1-8 所示，根据自身需求，选择图像的宽高比例，将总批次数设置为 1，单批数量设置为 4。

图 9.1-8

步骤⑥ 如图 9.1-9 所示，将"重绘幅度"设置为 0.45。

图 9.1-9

步骤⑦ 单击"生成"按钮后生成的 4 张动漫风格头像如图 9.1-10 所示。在生成的图像中选择最喜欢的一张进行保存。最终效果图见图 9.1-2。

图 9.1-10

图 9.1-10（续）

3. 作者心得

如果 Stable Diffusion 生成的效果与预期不符，可以考虑添加更多关于所需效果的细节短语，如描述视角或面部细节的词，以帮助 Stable Diffusion 更好地理解需求，从而增加生成符合预期的图像的可能性。

9.2 CG 定制壁纸

如果想在真实的风景照片的基础上利用 Stable Diffusion 转绘一张插画风景的图像，可以选择一个适用于动漫风格的大模型，这将生成动漫风格的插画。具体实现见以下案例。

1. 最终效果图

原图如图 9.2-1 所示。最终效果图如图 9.2-2 所示。

<table>
<tr><td style="text-align:center">图 9.2-1</td><td style="text-align:center">图 9.2-2</td></tr>
</table>

2. 步骤详解

步骤① 如图 9.2-3 所示，打开 Stable Diffusion，选择"文生图"选项卡，根据图像所需的风格选择适合的模型。例如，本案例需要将真实的图像转换为插画图像，可以选择插画类风格的模型。

图 9.2-3

步骤② 如图 9.2-4 所示，打开 ControlNet 面板，将图像拖入 ControlNet 图像窗口，勾选"低显存模式"和"允许预览"选项。

图 9.2-4

步骤③ 如图 9.2-5 所示，"控制类型"选择 Depth（深度），"预处理器"选择 depth_midas，模型选择 control_v11f1p_sd15_depth [cfd03158]，单击 ■（预览）按钮，预处理结果如图 9.2-6 所示。

图 9.2-5

图 9.2-6

步骤④ 如图 9.2-7 和图 9.2-8 所示，打开 ControlNet 面板，在图片上传区域上传图像，并勾选"低显存模式"和"允许预览"选项。"控制类型"选择"全部"，"预处理器"选择 seg_ofade20k，"模型"选择 control_v11p_sd15_mlsd[aca30ff0]，单击 ▓（预览）按钮，预处理结果如图 9.2-8 所示。单击图像窗口下方的 ↗（发送）按钮。

图 9.2-7

图 9.2-8

步骤⑤ 如图 9.2-9 所示，根据自己的需求填写正向提示词和反向提示词。

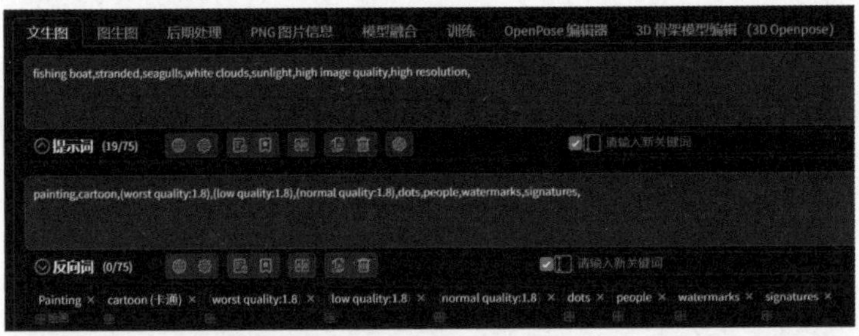

图 9.2-9

正向提示词：fishing boat, stranded, seagulls, white clouds, sunlight, high image quality, high resolution,
渔船，搁浅，海鸥，白云，阳光，高画质，高分辨率，

反向提示词：painting, cartoon, (worst quality:1.8), (low quality:1.8), (normal quality:1.8), dots, people, watermarks, signatures,
绘画，漫画，（最差画质：1.8），（低画质：1.8），（正常画质：1.8），圆点，人物，水印，签名，

步骤⑥ 如图 9.2-10 所示，根据自身需求选择图像的宽高比例，将"总批次数"设置为 1，"单批数量"设置为 4。

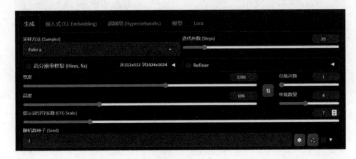

图 9.2-10

步骤⑦ 单击"生成"按钮后生成的 4 张动漫风格图像如图 9.2-11 所示。在生成的图像中选择最喜欢的一张进行保存。最终效果图见图 9.2-2。

图 9.2-11

3. 作者心得

通过 Stable Diffusion 的 ControlNet 插件，用户可以在插画中保留一些原始照片的特征，并在提示词的描述中注明，以确保生成的图像不失去原始照片的关键元素。生成插画的过程可能需要多次尝试和微调，因此需要不断调整参数和描述，才能达到满意的效果。

9.3 油画绘制

Stable Diffusion 能够轻松生成不同风格的图像。例如，想生成一张油画风格的图像，可以选择适用于油画艺术风格的大模型，确保选择的模型具有良好的油画表现力，以呈现出令人满意的艺术效果。具体实现见以下案例。

1. 最终效果图

原图如图 9.3-1 所示。最终效果图如图 9.3-2 所示。

图 9.3-1　　　　　　　　　　　图 9.3-2

2. 步骤详解

步骤① 如图 9.3-3 所示，打开 Stable Diffusion，选择"图生图"选项卡，根据图像所需的风格选择适合的模型。例如，本案例需要生成油画风格的图像，可以选择油画类风格的模型。

图 9.3-3

步骤② 如图 9.3-4 所示，在图片上传区域上传图像。

图 9.3-4

步骤③ 如图 9.3-5 所示，打开 ControlNet 面板。

图 9.3-5

步骤④ 如图 9.3-6 和图 9.3-7 所示，选择"ControlNet 单元 0"，勾选"启用"选项，"预

处理器"选择 seg_ofade20k，"模型"选择 control_v11p_sd15_seg[e1f51eb9]。选择"ControlNet 单元1"，勾选"启用"选项，"预处理器"选择 depth_leres++，"模型"选择 control_v11f1p_sd15_depth[cfd03158]。

图 9.3-6　　　　　　　　　　　　　　　　　　图 9.3-7

步骤⑤　如图 9.3-8 所示，根据自己的需求填写正向提示词和反向提示词。

图 9.3-8

正向提示词：classical female oil painting portrait, classical realism, dark green, soft colors, impressionistic emotions, impressionistic brushstrokes, 古典女性油画肖像，古典写实，深绿色，柔和的色彩，写意的情感，写意的笔触，
反向提示词：详见 9.1 节（第 103 页）反向提示词

步骤⑥　如图 9.3-9 所示，根据自身需求选择图像的宽高比例，将"总批次数"设置为 1，"单批数量"设置为 4。

图 9.3-9

步骤⑦　单击"生成"按钮后生成的 4 张油画风格图像如图 9.3-10 所示。在生成的图像中选择自己喜欢的一张进行保存，最终效果图见图 9.3-2。

图 9.3-10

3. 作者心得

使用 Stable Diffusion 生成油画风格图像时，用户可以在生成图像的过程中实时查看结果，根据需要进行调整，及时作出改变，这样就能高效地调整参数和描述，以达到满意的油画效果。

9.4 CG 真人绘制

如果想要将动漫风格的图像转换为真实人物，可以利用 Stable Diffusion 中的写实模型辅助完成。具体实现见以下案例。

1. 最终效果图

原图如图 9.4-1 所示。最终效果图如图 9.4-2 所示。

图 9.4-1   图 9.4-2

2. 步骤详解

步骤① 如图 9.4-3 所示，打开 Stable Diffusion，选择"图生图"选项卡，根据图像所需的风格选择适合的模型。例如，本案例要将动漫风格的图像转换为真实人物，可以选择写实类风格的模型。

图 9.4-3

步骤② 如图 9.4-4 所示，在图片上传区域上传图像。

图 9.4-4

步骤③ 如图 9.4-5 和图 9.4-6 所示，单击"DeepBooru 反推"按钮，获得与选择的模型相对应的提示词。

图 9.4-5

图 9.4-6

步骤④ 如图9.4-7所示，根据自己的需求，适当地编辑和修改Stable Diffusion提供的提示词，并填写反向提示词，以确保生成的写实类风格头像符合个人偏好和要求。

图9.4-7

正向提示词：1 girl, animal ear fluff, animal ears, bare shoulders, bell, blush, dog tail, feather boa, fox ears, fox girl, fox tail, fur trim, hair ornament, kitsune, large tail, long hair, looking at viewer, multiple tails, off shoulder, saint quartz \(fate\), solo, star hair ornament, star necklace, star pastise, star print, starfish, starry background, tail, tail raised, wolf ears, wolf girl, wolf tail,
一个女孩，动物耳朵绒毛，动物耳朵，裸露的肩膀，铃铛，腮红，狗尾巴，羽毛蟒蛇，狐狸耳朵，狐狸女孩，狐狸尾巴，毛皮装饰，发饰，狐狸，大尾巴，长发，看向观众，多条尾巴，露肩，圣石英\(命运\)，一个人，星星发饰，星星项链，星星蜡笔，星星印花，海星，星空背景，尾巴，尾巴抬起，狼耳朵，狼女孩，狼尾巴，

反向提示词：详见9.1节（第103页）反向提示词

步骤⑤ 如图9.4-8所示，根据自身需求选择图像的宽高比例，将"总批次数"设置为1，"单批数量"设置为4。

图9.4-8

步骤⑥ 单击"生成"按钮后生成的4张真人图像如图9.4-9所示。在生成的图像中选择最喜欢的一张进行保存。最终效果图见图9.4-2。

图9.4-9

图 9.4-9（续）

3. 作者心得

Stable Diffusion 通常会提供一些参数进行参考，但用户还是要根据实际情况和自身需求灵活调整，以获得满意的结果。如果生成的效果与预期不符，用户可以尝试添加更详细的描述，从而让 Stable Diffusion 更好地理解自己的要求。此外，用户可以多尝试不同的创意和风格，以享受创作的过程。

✎ 读书笔记

第10章 海报及招贴设计

Stable Diffusion 可用于创作引人注目的海报背景，但如果要完成海报文字和基础版式的设计，还需要使用其他软件进行后期处理。本章将详细讲解如何用 Stable Diffusion 进行海报及招贴的初步设计。

10.1 立体字制作

Stable Diffusion 可以创作出立体效果的文字。具体实现见以下案例。

1. 最终效果图

原图如图 10.1-1 所示。最终效果图如图 10.1-2 所示。

图 10.1-1   图 10.1-2

2. 步骤详解

步骤① 如图 10.1-3 所示，打开 Stable Diffusion，选择"文生图"选项卡，根据图像需要的风格选择适合的模型。

图 10.1-3

步骤② 如图 10.1-4 所示，打开 ControlNet 面板，在图片上传区域上传图像，并勾选下方的"低显存模式"和"允许预览"选项。

图 10.1-4

步骤③ 添加两个预处理器，分别选择 scribble_hed 和 tile_resample，"模型"分别选择 control_v11f1p_sd15_scribble [d4ba51ff] 和 control_v11f1e_sd15_tile[a371b31b]，单击 ✴ （预览）按钮，预处理结果如图 10.1-5 和图 10.1-6 所示。

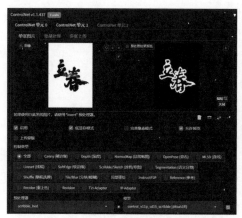

图 10.1-5

图 10.1-6

步骤④ 如图 10.1-7 所示，根据自己的需求，先填写正向提示词并选择合适的 LoRA 模型，再填写反向提示词。

图 10.1-7

正向提示词：(Grass:1.2), font art, font full of flowers, blue sky, river, white clouds, distant mountains and flowing water, colorful flowers, red rose, pink rose, purple rose, rose, lily, sunflower, small chrysanthemum, camellia, natural scenery, trees, river, water surface, product perspective, vision, dream, green theme, depth of field, masterpiece, HD, <lora:20230926-1695663803691:1>, <lora: 梦幻之境 dreamscape:0.6>,

（草：1.2），字体艺术，字体满花，蓝天，白云，远处的山和流水，河流，五颜六色的花朵，红玫瑰，粉玫瑰，紫玫瑰，玫瑰，百合，向日葵，小菊花，山茶花，自然风光，树木，河流，水面，产品视角，远景，梦幻，绿色主题，景深，杰作，高清质量，<lora:20230926-1695663803691:1>，<lora: 梦幻之境 dreamscape:0.6>，

反向提示词：lowres, bad anatomy, bad hands, text, error, missing fingers, extra digit, fewer digits, cropped, worst quality, low quality, normal quality, jpeg artifacts, signature, watermark, username, blurry,

低分辨率，糟糕的解剖结构，坏的手，文本，错误，缺少手指，额外的数字，更少的数字，裁剪，最差质量，低质量，正常质量，jpeg 工件，签名，水印，用户名，模糊，

步骤⑤ 如图 10.1-8 所示，"采样方法"选择 DPM++ 2M SDE Karras，"迭代步数"调整为 20。根据自身需求选择图像的宽高比例，将"总批次数"设置为 1，"单批数量"设置为 4。

图 10.1-8

步骤⑥ 单击"生成"按钮后生成的 4 张立体字图像如图 10.1-9 所示。在生成的图像中选择最喜欢的一张进行保存。最终效果图见图 10.1-2。

图 10.1-9

3. 作者心得

在创作立体文字时，除了设置基本的形状和颜色外，还可以尝试添加不同的视觉效果关键词，如光影效果、渐变色、纹理等，以丰富文字的立体感。同时也可以考虑添加更多关于所需效果的描述，如光照方向、阴影深浅等，借助 Stable Diffusion 生成更加符合预期的效果。

10.2 电商海报

在当今的电商和广告行业中，Stable Diffusion 可以快速且高效地生成电商海报设计。具体实现见以下案例。

1. 最终效果图

原图如图 10.2-1 所示。最终效果图如图 10.2-2 所示。

图 10.2-1　　　　　　　　　　图 10.2-2

2. 步骤详解

步骤① 如图 10.2-3 所示，打开 Stable Diffusion，选择"文生图"选项卡，根据图像所需的风格选择适合的模型。例如，本案例要制作真实风格的电商海报，可以选择一个写实类风格的模型。

图 10.2-3

步骤② 如图 10.2-4 所示，根据自己的需求填写正向提示词和反向提示词。

图 10.2-4

正向提示词：(outdoor:1.5), (athletic), (loose sportswear), (morning sunlight), (sunbeam), (active), (morning exercise), (1 person), (sunlit ground), (casual), (comfortable), (warmth), (fresh air), (grassland), (energy), (dynamic pose), （户外：1.5），（运动），（宽松的运动服），（早晨阳光），（阳光），（活跃），（晨练），（1个人），（阳光照射地面），（休闲），（舒适），（温暖），（新鲜空气），（草原），（能量），（动感姿势），
反向提示词：详见 9.1 节（第 103 页）反向提示词

步骤③ 如图 10.2-5 所示，根据自身需求选择图像的宽高比例，将"总批次数"设置为 1，"单批数量"设置为 4。

图 10.2-5

步骤④ 如图 10.2-6 所示，将"提示词引导系数"设置为 7.5。

图 10.2-6

步骤⑤ 单击"生成"按钮后生成的 4 张海报图像如图 10.2-7 所示。在生成的图像中选择最喜欢的一张进行保存。

图 10.2-7

步骤⑥ 如图 10.2-8 所示，打开 Photoshop，导入使用 Stable Diffusion 生成的图像，选择工具栏中的文字工具，按住鼠标左键拉出文字框，输入需要的文字。最终效果图见图 10.2-2。

图 10.2-8

3. 作者心得

在设计电商海报时，了解目标受众和产品特性至关重要，这有助于选择与之匹配的背景和设计元素，从而提升海报的吸引力。

10.3　人像海报设计

在当今的电商和广告行业中，使用 Stable Diffusion 快速高效地生成一张人像海报的形式变得越来越常见。具体实现见以下案例。

1. 最终效果图

原图如图 10.3-1 所示。最终效果图如图 10.3-2 所示。

图 10.3-1　　　　　　　　图 10.3-2

2.步骤详解

步骤① 如图 10.3-3 所示，打开 Stable Diffusion，选择"图生图"选项卡，根据海报所需的风格选择适合的模型。例如，本案例要更换模特姿势，可以选择写实类风格的模型。

图 10.3-3

步骤② 如图 10.3-4 所示，在图片上传区域上传图像。

图 10.3-4

步骤③ 如图 10.3-5 所示，"采样方法"选择 DMP++ 2M SDE Karras，根据自身需求选择图像的宽高比例，将"总批次数"设置为 1，"单批数量"设置为 4。

图 10.3-5

步骤④ 如图 10.3-6 所示，将"重绘幅度"调整为 0.75。

图 10.3-6

步骤⑤ 如图 10.3-7 所示，打开 ControlNet 面板，在图片上传区域上传图像，并勾选"启用"和"上传独立的控制图像"选项。

图 10.3-7

步骤⑥ 如图 10.3-8 所示，"控制类型"选择 OpenPose（姿态）。

图 10.3-8

步骤⑦ 如图 10.3-9 所示，"预处理器"选择 openpose_hand，"模型"选择 control_v11p_sd15_openpose [cab727d4]，单击 ▓（预览）按钮，预处理结果如图 10.3-10 所示。

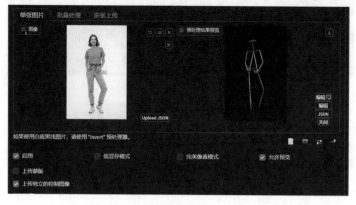

图 10.3-9

图 10.3-10

步骤⑧ 如图 10.3-11 所示，根据自己的需求填写正向提示词和反向提示词。

图 10.3-11

正向提示词：1 girl, solo, skirt, long_hair, standing, realistic, sandals, full_body, grey_background, 一个女生，单独，裙子，长发，站立，写实风格，凉鞋，全身，灰色背景，
反向提示词：详见 9.1 节（第 103 页）反向提示词

步骤⑨ 单击"生成"按钮后生成的 4 张海报图像如图 10.3-12 所示。在生成的图像中选择最适合产品的一张进行保存。

图 10.3-12

步骤⑩ 如图 10.3-13 所示，打开 Photoshop，导入使用 Stable Diffusion 生成的图像，添加文本等关键信息。最终效果图见图 10.3-2。

图 10.3-13

3. 作者心得

在设计人像海报时，选择与目标风格相符合的模型非常重要。如果 Stable Diffusion 生成的效果不理想，可以尝试更换提示词或调整生成参数，以达到更加理想的效果。

10.4 中国风海报设计

中国风海报通常具有一种浓郁的艺术气息和独特的韵味，使观众在欣赏海报的同时，感受到一种特定的情感和心境。Stable Diffusion 可以进行相关海报的制作。具体实现见以下案例。

1. 最终效果图

原图如图 10.4-1 所示。最终效果图如图 10.4-2 所示。

图 10.4-1　　　　　　　　图 10.4-2

2. 步骤详解

步骤① 如图 10.4-3 所示，打开 Stable Diffusion，选择"文生图"选项卡，根据图像所需的风格选择适合的模型。例如，本案例要生成一张国风海报，可以选择类 2.5 维的模型。

图 10.4-3

步骤② 如图 10.4-4 所示，根据自己的需求填写正向提示词并选择合适的 LoRA 模型，再填写反向提示词。

图 10.4-4

正向提示词：Qianli Jiangshan map, turquoise mainly, east, sea of clouds, zen, white house, ((Chinese landscape painting)), minimalist style, Zen composition, blank, villagers, house, masterpiece, best quality, <lora:LORA_xueliang_guohuashanshui:1>,

千里江山图，青绿色为主，东方，云海，禅意，白色房子，（（中国山水画）），极简风格，禅宗构图，空白，村民，房子，杰作，最佳质量，<lora:LORA_xueliang_guohuashanshui:1>,

反向提示词：详见 10.1 节（第 117 页）反向提示词

步骤③ 如图 10.4-5 所示，"采样方法"选择 Euler，将"迭代步数"调整为 20。

图 10.4-5

步骤④ 如图 10.4-6 所示，根据自身需求选择图像的宽高比例，将"总批次数"设置为 1，"单批数量"设置为 4。

图 10.4-6

步骤⑤ 单击"生成"按钮后生成的 4 张海报图像如图 10.4-7 所示。在生成的图像中选择最喜欢的一张进行保存。

图 10.4-7

步骤⑥ 如图 10.4-8 所示，打开 Photoshop，导入使用 Stable Diffusion 生成的图像，调

10

整图像比例并提高亮度。

图 10.4-8

步骤⑦ 如图 10.4-9 所示，选择工具栏中的文字工具，按住鼠标左键拉出文字框，输入需要的文字，并调整文字位置和组合形式。最终效果图见图 10.4-2。

图 10.4-9

3. 作者心得

在进行中国风海报设计时，首先需要理解该风格的核心和内涵，这样才能更好地在提示词中体现，并确保最后制作的海报既具有视觉吸引力，又能传递正确的信息。

第 11 章　服装设计

服装设计是一门综合性的艺术形式，它将创意、美学和实用性相结合，为人们创造出丰富多彩、个性鲜明的服装。Stable Diffusion 能够帮助设计师激发灵感，创造出更加独特和吸引人的设计方案。设计师可以通过输入提示词、选择特定元素或上传图像等方式，快速生成多样化的设计创意。本章将详细讲解如何用 Stable Diffusion 进行服装设计。

11.1　虚拟模特

如果想要为服装搭配相应的模特，可以用 Stable Diffusion 完成，从而大大节省预算。具体实现见以下案例。

1. 最终效果图

原图如图 11.1-1 所示。最终效果图如图 11.1-2 所示。

图 11.1-1

图 11.1-2

2. 步骤详解

步骤① 如图 11.1-3 和图 11.1-4 所示，将服装置入 Photoshop 进行相应的处理，得到一个干净的白底图和一个黑色蒙版图。

图 11.1-3 图 11.1-4

步骤② 如图 11.1-5 所示，打开 Stable Diffusion，选择"OpenPose 编辑器"选项卡，生成一张自己想要的姿势骨骼图，效果如图 11.1-6 所示。也可以通过 ControlNet 面板中的上传图片功能获得相应的 OpenPose。

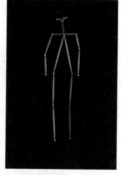

图 11.1-5 图 11.1-6

步骤③ 如图 11.1-7 和图 11.1-8 所示，打开 Stable Diffusion，选择"图生图"选项卡，切换至"上传重绘蒙版"选项，分别上传准备好的服装白底图和黑色蒙版图。将"蒙版边缘模糊度"调整为 7，蒙版模式选择"重绘非蒙版内容"选项。

图 11.1-7

图 11.1-8

步骤④ 如图 11.1-9 所示，打开 ControlNet 面板，在图片上传区域上传生成的骨骼图像，并勾选"启用"和"上传独立的控制图像"选项。"预处理器"选择 openpose，"模型"选择 control_v11p_sd15_openpose[cab727d4]，其他参数不变。

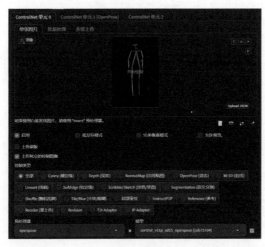

图 11.1-9

步骤⑤ 如图 11.1-10 所示，打开 stable Diffusion，选择"图生图"选项卡，根据图像所需的风格选择适合的模型。例如，本案例要生成真实的模特，可以选择写实类风格的模型。

图 11.1-10

步骤⑥ 如图 11.1-11 所示，根据自己的需求填写正向提示词和反向提示词。

图 11.1-11

正向提示词：1 girl, full body photo, skirt, gorgeous Rococo style, lace, embroidery, bow element, exquisite and gorgeous, the skirt is fluffy, 一个女孩，全身照片，裙子，华丽的洛可可风格，蕾丝，刺绣，蝴蝶结元素，精致和华丽，裙子是蓬松的，
反向提示词：详见 10.1 节（第 117 页）反向提示词

步骤⑦ 单击"生成"按钮后生成的 4 张图像如图 11.1–12 所示。在生成的图像中选择最喜欢的一张进行保存。最终效果图见图 11.1–2。

图 11.1–12

3. 作者心得

在生成人体骨骼图时，有 5 种预处理器可供选择，如果只想要姿态骨骼图，则选择 openpose 即可。openpose_full 预处理器可以检测所有能检测到的内容，包括姿态、脸部轮廓、五官、手指等。用户可以多尝试，选择最佳效果。

11.2 服装概念图设计

在服装设计过程中，设计师通常会提前绘制手稿，如果要看到最终效果图，还需要将服装制版，其过程复杂，耗时长。Stable Diffusion 可以在手稿的基础上生成服装概念图。下面通过实际案例来了解这一过程的具体实现。

1. 最终效果图

原图如图 11.2–1 所示。最终效果图如图 11.2–2 所示。

图 11.2-1

图 11.2-2

2. 步骤详解

步骤① 如图 11.2-3 所示，打开 Stable Diffusion，选择"文生图"选项卡，根据服装所需的风格选择适合的模型。例如，本案例要生成对应的服装，可以选择写实类风格的模型。

图 11.2-3

步骤② 打开 ControlNet 面板，在图片上传区域上传服装设计手稿，并勾选"启用"和"允许预览"选项。"预处理器"选择 invert（from white bg & black line），"模型"选择 control_v11f1p_sd15_depth[cfd03158]，其他参数不变，单击 ▓（预览）按钮，预处理结果如图 11.2-4所示。

图 11.2-4

步骤③ 如图 11.2-5 所示，根据自己的需求填写正向提示词和反向提示词。

图 11.2-5

正向提示词：(Main color is black and white), (detailed faces), pure white background, the best quality, masterpiece, detailed, simple background, studio photography, very detailed, 1 girl, faces, close-up, 8K, reality, highly detailed, studio lighting, super fine painting, sharp focus, physics-based translation, extreme detail description, professional, vivid colors, real photography, super high definition,
（主色是黑白色），（细节的面孔），纯白色背景，最佳质量，杰作，详细，简单的背景，工作室摄影，非常详细，一个女孩，脸，特写，8K，现实，高度详细，工作室照明，超精细绘画，锐聚焦，基础翻译，极致的细节描述，专业，生动的颜色，真实摄影，超高清晰度，
反向提示词：详见 9.1 节（第 103 页）反向提示词

步骤④ 如图 11.2-6 所示，"采样方法"选择 DPM++SDE Karras，将"迭代步数"调整为 30。

图 11.2-6

步骤⑤ 如图 11.2-7 所示，勾选"面部修复"和"高分辨率修复（Hires.fix）"选项，"放大算法"选择 R-ESRGAN 4x+，将"总批次数"设置为 1，"单批数量"设置为 4，其他参数不变。

图 11.2-7

步骤⑥ 单击"生成"按钮后生成的 4 张图像如图 11.2-8 所示。在生成的图像中选择最喜欢的一张进行保存。最终效果图见图 11.2-2。

图 11.2-8

3. 作者心得

在生成的图像中，有的与手稿差异较大，这时用户可以自行处理。例如，利用 Photoshop 进行抠图拼接，从而达到理想的效果。

11.3 涂鸦设计服装

在服装设计中，Stable Diffusion 中的涂鸦功能可以为用户提供创意。具体实现见以下案例。

1. 最终效果图

最终效果图如图 11.3-1 所示。

图 11.3-1

2.步骤详解

步骤①　如图 11.3-2 和图 11.3-3 所示，打开 Photoshop，给准备好的模特绘制出简单的服装样式，并保存导出备用。

图 11.3-2　　　　　　　　　　　　　图 11.3-3

步骤②　如图 11.3-4 所示，打开 Stable Diffusion，根据图像所需的风格选择适合的模型。例如，本案例要设计真实人物的服装，可以选择写实类风格的模型。

图 11.3-4

步骤③　如图 11.3-5 所示，单击"涂鸦"按钮，上传已经绘制好的涂鸦服装图像。

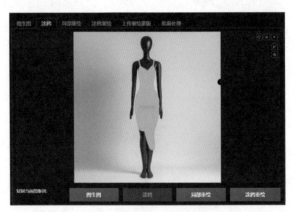

图 11.3-5

> **小贴士**
>
> 　　为了加强图像的可控性，可以选择其他软件绘制，也可以使用 Stable Diffusion 中自带的画笔绘制。

步骤④　如图 11.3-6 所示，"采样方法"选择 DPM++ SDE Karras，将"迭代步数"调整为 30。

图 11.3-6

步骤⑤ 如图 11.3-7 所示,勾选"面部修复"选项,将"总批次数"设置为 1,"单批数量"设置为 4。

图 11.3-7

步骤⑥ 打开 ControlNet 面板,在图片上传区域上传服装涂鸦图像,并勾选"启用"和"允许预览"选项。"预处理器"选择 canny,"模型"选择 control_v11p_sd15_canny [d14c016b],其他参数不变,单击 ■(预览)按钮,预处理结果如图 11.3-8 所示。

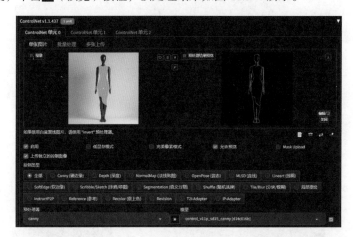

图 11.3-8

步骤⑦ 如图 11.3-9 所示,根据自己的需求填写正向提示词和反向提示词。

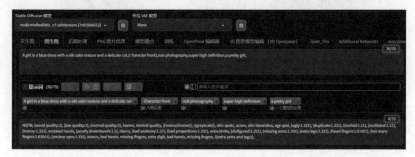

图 11.3-9

正向提示词：A girl in a blue dress with a silk satin texture and a delicate cut, (character front), real photography, super high definition, a pretty girl,

一个穿着蓝色连衣裙的女孩，裙子为丝绸缎面质感，精致的剪裁（人物正面），真实摄影，超高清晰度，一个漂亮的女孩，

反向提示词：详见 9.1 节（第 103 页）反向提示词

步骤⑧ 单击"生成"按钮后生成的 4 张图像如图 11.3-10 所示。在生成的图像中选择最喜欢的一张进行保存。这时可能会发现图像的面部有崩坏，单击 🔘（发送至局部重绘）按钮，如图 11.3-11 所示。

图 11.3-10

图 11.3-11

步骤⑨ 如图 11.3-12 和图 11.3-13 所示，用画笔绘制出需要重绘的地方，将蒙版边缘模糊度调整为 5，蒙版模式选择"重绘蒙版内容"选项，其他参数不变，完成后单击"生成"按钮，直到将崩坏部分修改到合适为止。最终效果图见图 11.3-1。

图 11.3-12

图 11.3-13

3. 作者心得

在生成全身图像时，人物难免会出现局部崩坏的现象，这时可以使用局部重绘功能进行修正。如果遇到图像太小导致画笔涂出界限的情况，可以使用快捷键 Ctrl+"＋"来放大界面。

11.4　服装改色

如果设计出的服装颜色过于单调，同样可以使用 Stable Diffusion 进行改色处理。具体实现见以下案例。

1. 最终效果图

最终效果图如图 11.4-1 所示。

图 11.4-1

2. 步骤详解

步骤① 如图 11.4-2 和图 11.4-3 所示，使用 Photoshop 制作白底服装图和蒙版图。

图 11.4-2   图 11.4-3

步骤② 如图 11.4-4 所示，打开 Stable Diffusion，选择"图生图"选项卡，根据图像所需的风格选择适合的模型。例如，本案例要生成一张服装的图像，可以选择写实类风格的模型。

图 11.4-4

步骤③ 如图 11.4-5 和图 11.4-6 所示。选择"上传重绘蒙版"选项，分别上传准备好的白底服装图和蒙版图。将"蒙版边缘模糊度"调整为 7，"蒙版模式"选择"重绘非蒙版内容"选项。

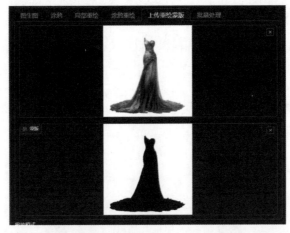

图 11.4-5

图 11.4-6

步骤④ 如图 11.4-7 所示，"采样方法"选择 DPM++ 2M Karras，将"迭代步数"调整为 30。

图 11.4-7

步骤⑤ 如图 11.4-8 所示，根据自身需求选择图像的宽高比例，将"总批次数"设置为 1，"单批数量"设置为 4。

图 11.4-8

步骤⑥ 打开 ControlNet 面板，在图片上传区域上传服装图像，并勾选"启用"和"允许预览"选项，"预处理器"选择 lineart_realistic，"模型"选择 control_v11p_sd15_lineart[43d4be0d]，单击■（预览）按钮，预处理结果如图 11.4-9 所示。

图 11.4-9

步骤⑦ 如图 11.4-10 所示，根据自己的需求填写正向提示词和反向提示词。

图 11.4-10

正向提示词：(a dress with a pink white gradient design), flowing mesh, scattered stars, masterpiece, best quality,

（一件粉白色渐变设计的裙子），飘逸的网纱，散落的繁星，杰作，最佳质量，

反向提示词：详见 10.1 节（第 117 页）反向提示词

步骤⑧ 单击"生成"按钮后生成的 4 张图像如图 11.4-11 所示。在生成的图像中选择最喜欢的一张进行保存。最终效果图见图 11.4-1。

图 11.4-11

3. 作者心得

在进行服装改色时，可以使用脚本工具中的 X/Y/Z plot 来批量生成改色图。

✎ 读书笔记

第12章　VI 视觉设计

VI（Visual Identity，视觉识别系统）为企业提供了独特的视觉语言，通过符号和概念的精妙结合，塑造出品牌的身份认同。Stable Diffusion 通过创意工具和多样化资源简化了 VI 视觉设计流程，在此基础上结合其他常用软件进行后期加工，就能得到一套完整的 VI 视觉设计。本章将详细讲解如何用 Stable Diffusion 进行 VI 视觉设计。

12.1　吉祥物三视图

吉祥物三视图是指可以提供三种观察角色的视角参考图，有助于设计师和受众全面理解角色的外观、比例和结构。Stable Diffusion 可以快速生成角色三视图作为参考效果图。具体实现见以下案例。

1. 最终效果图

最终效果图如图 12.1-1 所示。

图 12.1-1

2. 步骤详解

步骤① 如图 12.1-2 所示，打开 Stable Diffusion，根据海报所需的风格选择适合的模型。例如，本案例要生成一张 Q 版角色的三视图，可以选择三维风格的模型。

图 12.1-2

步骤② 如图 12.1-3 所示，打开 ControlNet 面板，在图片上传区域上传一张动漫角色的三视图，并勾选"启用"和"允许预览"选项，单击右下方的█按钮，与原图尺寸进行匹配。

图 12.1-3

步骤③ 如图 12.1-4 所示，"预处理器"选择 openpose，"模型"选择 control_v11p_sd15_openpose，单击 ■（预览）按钮，预处理结果如图 12.1-5 所示。

图 12.1-4

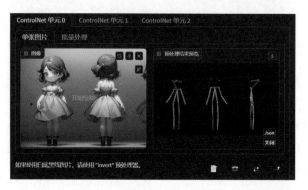

图 12.1-5

步骤④ 如图 12.1-6 所示，选择"文生图"选项卡，根据自己的需求填写正向提示词并选择合适的 LoRA 模型，再填写反向提示词。

图 12.1-6

正向提示词：Three views, front, side, back, 8K, simple background, fine details, 1 girl, three views, whole body, serene expression, standing, green dress, shoulder-length short hair, <lora:3d 角色三视图（Q 版）:1>,
三视图，正面，侧面，背面，8K，简约背景，精细细节，一个女孩，三视图，全身，表情平静，站立，绿裙子，齐肩短发，<lora:3d 角色三视图（Q 版）:1>,

反向提示词：详见 9.1 节（第 103 页）反向提示词

> **步骤⑤** 如图 12.1-7 所示，"采样方法"选择 DPM2 a Karras，将"迭代步数"调整为 35。

图 12.1-7

> **步骤⑥** 如图 12.1-8 所示，根据自身需求选择图像的宽高比例，将"总批次数"设置为 1，"单批数量"设置为 4。

图 12.1-8

> **步骤⑦** 单击"生成"按钮后生成的 4 张吉祥物图像如图 12.1-9 所示。在生成的图像中选择最喜欢的一张进行保存。最终效果图见图 12.1-1。

图 12.1-9

3. 作者心得

目前 Stable Diffusion 尚不能通过已有的一个视角生成其他两个视角，因此生成的三视图只为设计师提供灵感创意，设计师可以在此基础上借鉴体态、细节以及提高效率等。

12.2 吉祥物概念设计

一个好的吉祥物形象可以代表品牌团体在竞争激烈的市场中脱颖而出，吸引和保持目标受众的关注。Stable Diffusion 可以快速生成吉祥物的参考效果图，提供大量的方案备选。具体实现见以下案例。

1. 最终效果图

原图如图 12.2-1 所示。最终效果图如图 12.2-2 所示。

图 12.2-1

图 12.2-2

2. 步骤详解

步骤① 如图 12.2-3 所示，打开 Stable Diffusion，根据图像所需的风格选择适合的模型。例如，本案例要生成一张动漫的图像，可以选择动漫三维相关的大模型。

图 12.2-3

步骤② 如图 12.2-4 所示，选择"图生图"选项卡，在图片上传区域上传一张二维的吉祥物图像。

图 12.2-4

步骤③ 如图 12.2-5 所示，"采样方法"选择 Euler a，将"迭代步数"调整为 25。

图 12.2-5

步骤④ 如图 12.2-6 所示，根据自身需求选择图像的宽高比例，将"总批次数"设置为 1，"单批数量"设置为 4。

图 12.2-6

步骤⑤ 如图 12.2-7 所示，打开 ControlNet 面板，在图片上传区域重复上传吉祥物的图像，并勾选"启用"和"允许预览"选项。

图 12.2-7

步骤⑥ 如图 12.2-8 所示，"预处理器"选择 invert（from white bg & black line），"模型"选择 control_v11p_sd15_lineart[43d4be0d]，单击 ■（预览）按钮，预处理结果如图 12.2-9 所示。

图 12.2-8

图 12.2-9

步骤⑦ 如图 12.2-10 所示，将"控制权重"调整为 0.8，"引导终止时机"调整为 0.5，其余选项默认。

图 12.2-10

步骤⑧ 如图 12.2-11 所示，根据自己的需求填写正向提示词并选择合适的 LoRA 模型，再填写反向提示词。

图 12.2-11

正向提示词：(((orange face, hands, pants, and antlers))), (green eyebrows:0.5), a cartoon character with green hair and a green shirt, in the style of dark yellow and light gold, simple yet powerful forms, 8K, green eyes,

（（（橙色的脸、手、裤子、鹿角））），（绿眉毛：0.5），绿头发和穿着绿衬衫的卡通人物，深黄和浅金的风格，造型简洁有力，8K，绿眼睛，

反向提示词：(yellow pants, green pants), (worst quality:2), (low quality:2), (normal quality:2), lowres, normal quality, ((monochrome)), ((grayscale)), skin spots, acnes, skin blemishes, age spot, (ugly:1.33), (duplicate:1.33), (morbid:1.21), (mutilated:1.21), (tranny:1.33), mutated hands, (poorly drawnhands:1.5), blurry, (bad anatomy:1.21), (bad proportions:1.33), extra limbs, (disfigured:1.33), (missing arms:1.33), (extra legs:1.33), (fused fingers:1.61), (too many fingers:1.61), (unclear eyes:1.33), lowers, bad hands, missing fingers, extra digit, ((extra arms and legs)),

（黄色的裤子，绿色的裤子），（最差质量：2），（低质量：2），（正常质量：2），低分辨率，正常质量，（（单色）），（（灰度）），皮肤斑点，痤疮，皮肤瑕疵，老年斑，（丑陋：1.33），（重复：1.33），（病态：1.21），（残缺：1.21），（变形：1.33），变异的手，（画得不好的手：1.5），模糊的，（糟糕的解剖结构：1.21），（糟糕的比例：1.33），多余的四肢，（毁容：1.33），（缺胳膊：1.33），（多余的腿：1.33），（融合的手指：1.61），（过多的手指：1.61），（不清晰的眼睛：1.33），低质量，糟糕的手，少了手指，多了手指，多了胳膊和腿，

步骤⑨ 单击"生成"按钮后生成的 4 张图像如图 12.2-12 所示。在生成的图像中选择最喜欢的一张进行保存。最终效果图见图 12.2-2。

图 12.2-12

3. 作者心得

Stable Diffusion 生成的图与线稿在细节上会有所不同，目前无法避免这样的出入。因此只能慢慢调整提示词，并使用涂鸦重绘功能调整画面细节，让图像更接近线稿。

12.3 字体嵌套

字体嵌套这种排版技巧能够有效地传达设计意图，提高视觉吸引力和信息传递效果。Stable Diffusion 可以更快地将字体转换成具有视觉冲击力的画面，并节省设计中所耗费的时间、人力成本。具体实现见以下案例。

1. 最终效果图

原图如图 12.3-1 所示。最终效果图如图 12.3-2 所示。

图 12.3-1

图 12.3-2

2. 步骤详解

步骤① 如图 12.3-3 所示，打开 Stable Diffusion，根据图像所需的风格选择适合的模型。例如，本案例要生成一张字体嵌套的图像，可以选择写实类风格的模型。

图 12.3-3

步骤② 如图 12.3-4 所示，选择"文生图"选项卡，根据自己的需求填写正向提示词和反向提示词。

图 12.3-4

正向提示词：white background, orange slices, lemon slices, fruit, detailed detail, green leaves, 8K,
白色背景，橘子切片，柠檬切片，水果，详细的细节，绿叶，8K，

反向提示词：(worst quality:2), (low quality:2), (normal quality:2), lowres, normal quality, ((monochrome)), ((grayscale)), skin spots, acnes, skin blemishes, age spot, (ugly:1.33), (duplicate:1.33), (morbid:1.21), (mutilated:1.21), (tranny:1.33), mutated hands, (poorly drawnhands:1.5), blurry, (bad anatomy:1.21), (bad proportions:1.33), extra limbs, (disfigured:1.33), (missing arms:1.33), (extra legs:1.33), (fused fingers:1.61), (too many fingers:1.61), (unclear eyes:1.33), lowers, bad hands, missing fingers, extra digit, ((extra arms and legs)),

（最差质量：2），（低质量：2），（正常质量：2），低分辨率，正常质量，（（单色）），（（灰度）），皮肤斑点，痤疮，皮肤瑕疵，老年斑，（丑陋：1.33），（重复：1.33），（病态：1.21），（残缺：1.21），（变形：1.33），变异的手，（画得不好的手：1.5），模糊的，（糟糕的解剖结构：1.21），（糟糕的比例：1.33），多余的四肢，（毁容：1.33），（缺胳膊：1.33），（多余的腿：1.33），（融合的手指：1.61），（过多的手指：1.61），（不清晰的眼睛：1.33），低质量，糟糕的手，少了手指，多了手指，（（多了胳膊和腿）），

步骤③ 如图 12.3-5 所示，"采样方法"选择 DPM++ SDE Karras，将"迭代步数"调整为 25。

图 12.3-5

步骤④ 如图 12.3-6 所示，根据自身需求选择图像的宽高比例，将"总批次数"设置为 1，"单批数量"设置为 4。

图 12.3-6

步骤⑤ 如图 12.3-7 所示，打开 ControlNet 面板，在图片上传区域上传一张白底黑线的字体图像，并勾选"启用"和"允许预览"选项。

图 12.3-7

步骤⑥ 如图 12.3-8 所示，"预处理器"选择 invert（from white bg & black line），"模型"选择 control_v11p_sd15_lineart[43d4be0d]，单击█（预览）按钮，预处理结果如图 12.3-9 所示。

图 12.3-8

图 12.3-9

步骤⑦ 单击"生成"按钮后生成的 4 张图像如图 12.3-10 所示。在生成的图像中选择最喜欢的一张进行保存。最终效果图见图 12.3-2。

图 12.3-10

3. 作者心得

在选择字体时，建议选择艺术字体，这样更易于与画面融合。此外，在填写提示词时，可以先仔细观察艺术字体的形态，选择可以与之协调融合的模型和预处理器。这样可以减少后期调整的时间，画面也更加丰富、更加美观。

12.4 创意 Logo 设计

Logo 是用于品牌传播的基本图形，品牌的创建通常都会从 Logo 开始设计。Stable Diffusion 可以为用户的设计提供创意灵感。具体实现见以下案例。

1. 最终效果图

Stable Diffusion 生成效果如图 12.4-1 所示。最终效果图如图 12.4-2 所示。

图 12.4-1

图 12.4-2

2. 步骤详解

步骤① 如图 12.4-3 所示，打开 Stable Diffusion，选择"文生图"选项卡，根据图像所需的风格选择适合的模型。例如，本案例要生成一张创意 Logo 的图像，可以选择写实类风格的模型。

图 12.4-3

步骤② 如图 12.4-4 所示，根据自己的需求填写正向提示词和反向提示词。

图 12.4-4

正向提示词：Logo design, fox in a suit, vectorization, simple combination of graphics, print style, masterpiece, best quality,

标志设计，穿着西装的狐狸，矢量化，图形简单组合，印刷风格，杰作，最佳质量，

反向提示词：详见 10.1 节（第 117 页）反向提示词

步骤③　如图 12.4-5 所示，"采样方法"选择 Euler a，将"迭代步数"调整为 30。

图 12.4-5

步骤④　如图 12.4-6 所示，根据自身需求选择图像的宽高比例，将"总批次数"设置为 1，"单批数量"设置为 4。

图 12.4-6

步骤⑤　单击"生成"按钮后生成的 4 张 Logo 图像如图 12.4-7 所示。在生成的图像中选择最喜欢的一张进行优化修改。最终效果图见图 12.4-1。

图 12.4-7

步骤⑥　如图 12.4-8 所示，将生成的图像置入 Illustrator 进行 Logo 的矢量化和修改。将图像的透明度调低，用作垫底图像，使用钢笔工具将其轮廓勾勒出来，在勾线时尽量流畅，并将狐狸的耳朵毛流感增强，眼睛部分精简成几何图形。

图 12.4-8

步骤⑦ 如图 12.4-9 所示，加强 Stable Diffusion 生成的图像中西装的辨识度，根据整体风格绘制出西装。

图 12.4-9

步骤⑧ 如图 12.4-10 所示，对绘制好的 Logo 进行上色处理。需要注意的是，这里的颜色选择要少而精。最后再增加一些小装饰品和文字。最终效果图见图 12.4-2。

图 12.4-10

3. 作者心得

在用 Stable Diffusion 生成 Logo 时，大多数图像不能直接使用，需要用户进行后期处理。因此在生成 Logo 时，可以增加单批数量的生成次数，将喜欢的图像保留，最后通过 Illustrator 重新绘制出一个新的 Logo。

✏️ 读书笔记

第13章　电商相关设计

电商设计融合了网页设计和平面设计，旨在实现在线平台的视觉吸引力和良好用户体验。除了要注重视觉效果，电商设计还需要关注与用户的交互体验，因此需要更多创意和创新。Stable Diffusion 作为一款 AI 绘画软件，在电商设计中可以为设计者提供创作灵感，同时可以节省创作时间。本章将详细介绍如何充分利用 Stable Diffusion 进行电商相关设计。

13.1　表情包定制

在当今社会中，定制表情包已成为社交中一种流行且常见的趋势。它不仅能够增添对话的趣味性，还能够在一定程度上表达个人的风格和情感。Stable Diffusion 可以快速且有效地生成独特的表情包。具体实现见以下案例。

1. 最终效果图

最终效果图如图 13.1-1 所示。

图 13.1-1

2. 步骤详解

步骤① 如图 13.1-2 所示，打开 Stable Diffusion，选择"文生图"选项卡，根据图像所需的风格选择适合的模型。例如，本案例要生成二次元的表情包，可以选择偏向二次元风格的模型。

图 13.1-2

步骤② 如图 13.1-3 所示，选择"文生图"选项卡，根据自身的需求填写正向提示词和反向提示词。

图 13.1-3

正向提示词：1 girl, expression, happy, multiple perspectives, white background, bow, bangs, shirt, looking at the audience, complete, avatar, 一个女孩，表情，快乐，多视角，白底，蝴蝶结，刘海，衬衫，看着观众，完整的，头像，
反向提示词：详见 9.1 节（第 103 页）反向提示词

步骤③ 如图 13.1-4 所示，根据自身需求选择图像的宽高比例，将"总批次数"设置为 1，"单批数量"设置为 4。

图 13.1-4

步骤④ 如图 13.1-5 所示，将"迭代步数"设置为 25。

图 13.1-5

步骤⑤ 单击"生成"按钮后生成的 4 张表情包如图 13.1-6 所示。在生成的图像中选择最喜欢的一张进行保存。最终效果图见图 13.1-7。

图 13.1-6　　　　　　　　　图 13.1-7

步骤⑥ 如图 13.1-8 所示，复制图 13.1-7 的种子值，并粘贴至随机数种子，将正向提示词中的"happy（快乐）"替换为其他想要生成的表情，重复上述步骤，即可生成专属表情包。

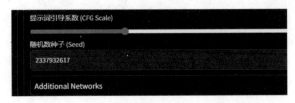

图 13.1-8

步骤⑦ 如图 13.1-9 所示，打开 Photoshop，导入使用 Stable Diffusion 生成的图像，选择工具栏中的文字工具，按住鼠标左键拉出文字框，输入需要的文字并设置相应的效果。最终效果图见图 13.1-1。

图 13.1-9

3. 作者心得

如果在初次尝试时没有得到理想的设计效果，可以调整提示词或改变模型配置来逐步接近理想的设计效果，表情包的设计重点在于多样性和丰富性，可以多加尝试。

13.2 App 开屏设计

在当今移动应用开发领域，设计一个吸引人的 App 开屏界面成了吸引用户注意和提升用户体验的关键步骤。Stable Diffusion 可以快速且高效地生成创意丰富的 App 开屏界面。具体实现见以下案例。

1. 最终效果图

原图如图 13.2-1 所示。最终效果图如图 13.2-2 所示。

图 13.2-1　　　　　　　　　　图 13.2-2

2. 步骤详解

步骤① 如图 13.2-3 所示，打开 Stable Diffusion，选择"文生图"选项卡，根据图像所需的风格选择适合的模型。例如，本案例要制作一个二次元风格的 App 开屏界面，可以选择二次元风格的模型。

图 13.2-3

步骤② 如图 13.2-4 所示，根据自己的需求填写正向提示词和反向提示词。

图 13.2-4

正向提示词：1 girl, wearing a baseball cap, wearing a white T-shirt, green pants, carrying a school bag, artwork, in 2D game art style, orange and emerald, cute and dreamy, editorial illustration, (RAW photo, best quality), (masterpiece), (best quality), (ultra-detailed), (full body:1.2), (masterpiece:1.2),

一个女孩，戴着棒球帽，穿着白色 T 恤，绿色裤子，背着书包，艺术品，二维游戏艺术风格，橙色和翠绿色，可爱梦幻，编辑插图，（RAW 照片，最佳质量），（杰作），（最佳质量），（超详细），（全身：1.2），（杰作：1.2），

反向提示词：详见 9.1 节（第 103 页）反向提示词

步骤③ 如图 13.2-5 所示，"采样方法"选择 Euler a，根据自身需求选择图像的宽高比例，将"总批次数"设置为 1，"单批数量"设置为 4。

图 13.2-5

步骤④ 如图 13.2-6 所示,将"迭代步数"设置为 30。

图 13.2-6

步骤⑤ 单击"生成"按钮后生成的 4 张二次元图像如图 13.2-7 所示。在生成的图像中选择最喜欢的一张进行保存。

图 13.2-7

步骤⑥ 如图 13.2-8 所示,打开 Photoshop,导入使用 Stable Diffusion 生成的图像,选择工具栏中的文字工具,按住鼠标左键拉出文字框,输入需要的文字并设置相应的效果。最终效果图见图 13.2-2。

图 13.2-8

13

3. 作者心得

设计 App 开屏界面时，需要明确界面的核心信息和用户的首印象。这不仅有助于提升 App 的整体美感，还能确保开屏界面能够有效地传达 App 的主旨和功能。如果 Stable Diffusion 生成的图像没有完全达到预期，可以通过细化提示词或调整设计参数来逐步完善设计方案。

13.3 弹窗广告设计

在当今的数字营销领域，利用 Stable Diffusion 来快速且高效地生成弹窗广告设计的方式变得越来越受欢迎。具体实现见以下案例。

1. 最终效果图

最终效果图如图 13.3-1 所示。

2. 步骤详解

图 13.3-1

步骤① 如图 13.3-2 所示，打开 Stable Diffusion，选择"文生图"选项卡，根据图像所需的风格选择适合的模型。例如，本案例要生成三维风格的图像，可以选择三维插画类风格的模型。

图 13.3-2

步骤② 如图 13.3-3 所示，根据自己的需求填写正向提示词和反向提示词。

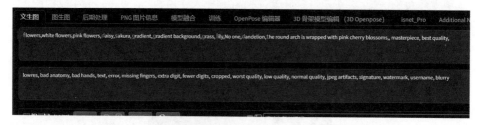

图 13.3-3

正向提示词：flowers, white flowers, pink flowers, daisy, sakura, gradient, gradient background, grass, lily, no one, dandelion, the round arch is wrapped with pink cherry blossoms, masterpiece, best quality,
花，白色的花，粉红色的花，雏菊，樱花，梯度，梯度的背景，草，百合，没有人，蒲公英，圆形的拱形包裹着粉红色的樱花，杰作，最佳质量，

反向提示词：详见 10.1 节（第 117 页）反向提示词

步骤③ 如图 13.3-4 所示，根据自身需求选择图像的宽高比例，将"总批次数"设置为 1，

"单批数量"设置为4。

图 13.3-4

步骤④ 如图 13.3-5 所示,将"迭代步数"设置为25。

图 13.3-5

步骤⑤ 单击"生成"按钮后生成的 4 张场景插画如图 13.3-6 所示。在生成的图像中选择最喜欢的一张进行保存。

图 13.3-6

步骤⑥ 如图 13.3-7 和图 13.3-8 所示,将生成的图像发送至"图生图"选项卡中,再次输入提示词,生成新的图像。

图 13.3-7   图 13.3-8

步骤⑦ 如图 13.3-9 所示，根据上述步骤更改提示词，重复操作，得到花朵元素，效果如图 13.3-10 所示。

图 13.3-9

正向提示词：surrounded by clover and white flowers, yellow star cartoon style, 3D, Behance, dribble, on the circular grass,
周围是三叶草和白色的花朵，黄色的星卡通风格，三维，灵感源自 Behance 网站，在圆形的草地上，

反向提示词：lowres, bad anatomy, bad hands, text, error, missing fingers, extra digit, fewer digits, cropped, worst quality, low quality, normal quality, jpeg artifacts, signature, watermark, username, blurry,
低分辨率，糟糕的解剖结构，坏的手，文本，错误，缺少手指，额外的数字，更少的数字，裁剪，最差质量，低质量，正常质量，jpeg 工件，签名，水印，用户名，模糊，

图 13.3-10

如图 13.3-11 所示，根据上述步骤更改提示词，重复操作，得到人物元素，效果如图 13.3-12 所示。

图 13.3-11

正向提示词：a cute girl with brown hair, an orange hat, in a lake blue dress,
一个可爱的棕发女孩，一顶橙色的帽子，穿着湖蓝色的连衣裙，

反向提示词：lowres, bad anatomy, bad hands, text, error, missing fingers, extra digit, fewer digits, cropped, worst quality, low quality, normal quality, jpeg artifacts, signature, watermark, username, blurry,
低分辨率，糟糕的解剖结构，坏的手，文本，错误，缺少手指，额外的数字，更少的数字，裁剪，最差质量，低质量，正常质量，jpeg 工件，签名，水印，用户名，模糊，

图 13.3-12

步骤⑧ 如图 13.3-13 ～图 13.3-15 所示，将上述步骤中的素材置入 Photoshop 中，抠出主体物，并将背景填充为白色，将拱门中间部分抠出并删掉，利用前面准备好的花朵素材进行简单的合成。

图 13.3-13

图 13.3-14

图 13.3-15

步骤⑨ 如图 13.3-16 和图 13.3-17 所示，将生成的图像置入"图生图"选项卡中。根据自身需求选择图像的宽高比例，将"总批次数"设置为 1，"单批数量"设置为 4。

图 13.3-16

图 13.3-17

步骤⑩ 打开 ContorlNet 面板，在图片上传区域上传图像，并勾选"启用""允许预览""上传独立的控制图像"选项。"控制类型"选择 Lineart（线稿），"预处理器"选择 lineart_Standard（from white bg & black line），"模型"选择 control_v11p_sd15_lineart [43d4be0d]，单击 ■（预览）按钮，预处理结果如图 13.3-18 所示。

图 13.3-18

步骤⑪ 如图 13.3-19 和图 13.3-20 所示，在生成的 4 张图像中选取效果最好的一张进行抠图处理后得到 png 图像，并在其背后增添绿色渐变色块。将前期生成的人物与背景进行合成处理。

步骤⑫ 如图 13.3-21 所示，选择工具栏中的文字工具，按住鼠标左键拉出文字框，输入需要的文字。最终效果图见图 13.3-1。

图 13.3-19

图 13.3-20

图 13.3-21

3. 作者心得

弹窗广告应该使用吸引人眼球的视觉设计元素，如醒目的色彩、吸引人的图像或者动画效果，以吸引用户的注意力。同时要有清晰的呼吁行动，如"立即购买""了解更多"等，以促使用户采取行动。

13.4 产品海报设计

在当今的电商和广告行业中，Stable Diffusion 的使用越来越常见，它可以快速且高效地替换产品图的背景。具体实现见以下案例。

1. 最终效果图

原图如图 13.4-1 所示。最终效果图如图 13.4-2 所示。

图 13.4-1　　　　　　　　图 13.4-2

2. 步骤详解

步骤① 如图 13.4-3 所示，打开 Stable Diffusion，根据产品的风格选择适合的模型。例如，本案例要为产品添加相应的背景，可以选择真实类风格的模型。

图 13.4-3

步骤② 如图 13.4-4 所示，打开 ControlNet 面板，在图片上传区域上传图像，并勾选"启用""低显存模式""允许预览"选项。

图 13.4-4

步骤③　如图 13.4-5 所示，"控制类型"选择 Canny（硬边缘），"预处理器"选择 canny，"模型"选择 control_v11p_sd15_canny [d14c016b]，单击 ■（预览）按钮，预处理结果如图 13.4-6 所示。

图 13.4-5　　　　　　　　　　　　　　　图 13.4-6

步骤④　如图 13.4-7 所示，根据自身的需求填写正向提示词并选择合适的 LoRA 模型，然后填写反向提示词。

图 13.4-7

正向提示词：(perfume bottle on moss: 1.2), medium depth of field, (foreground: green leaves, grass), (background: tree trunks, pebbles), water droplets, rich image, fantasy, photography, realistic, clear, (studio shot), high drawing quality, (fine details), (Lycra lens effect), <lora: 静物　简约　植物 _v1.0 : >,<lora：电商风格背景图模型 _ 电商风格背景 style_v1 : 0.8>,
（放在苔藓上的香水瓶：1.2），中景深，（前景：绿叶，草），（背景：树干，鹅卵石），水滴，丰富的图像，奇幻，摄影，写实，清晰，（影棚拍摄），高绘图质量，（精细细节），（徕卡镜片效果），<lora: 静物　简约　植物 _v1.0 : >, <lora：电商风格背景图模型 _ 电商风格背景 style_v1 : 0.8>,

反向提示词：false, unreal, unclear, blurry painting, lines, low quality, low resolution, human body, symbol, logo,
错误的，不真实，不清楚，模糊的绘画，线条，低质量，低分辨率，人体，符号，徽标，

步骤⑤　如图 13.4-8 所示，"采样方法"选择 DPM++ 2M SDE Karras。根据自身需求选择图像的宽高比例，将"总批次数"设置为 1，"单批数量"设置为 4。

图 13.4-8

步骤⑥ 单击"生成"按钮后生成的 4 张图像如图 13.4-9 所示。在生成的图像中选择最适合产品的一张进行保存。

图 13.4-9

步骤⑦ 如图 13.4-10 所示,选择"图生图"选项卡。大模型、正向提示词、反向提示词、LoRA 保持不变。

图 13.4-10

步骤⑧ 如图13.4-11 和图 13.4-12 所示,将步骤⑥中保存的图像与产品图像重叠在一起,然后上传至"图生图"选项卡中。采样方法选择 DPM++ 2M SDE Karras,根据自身需求选择图像的宽高比例,将"总批次数"设置为 1,"单批数量"设置为 4。

图 13.4-11

图 13.4-12

步骤⑨ 如图 13.4-13 所示，打开 ControlNet 面板，在图片上传区域上传图像，并勾选"启用"选项。控制类型选择 Canny（硬边缘）。

图 13.4-13

步骤⑩ 单击"生成"按钮后生成的 4 张图像如图 13.4-14 所示。在生成的图像中选择最适合产品背景的一张进行保存。最终效果图见图 13.4-2。

图 13.4-14

3. 作者心得

在使用 Stable Diffusion 进行产品海报设计时，应避免信息过于复杂或混乱，确保主要信息能够一目了然，让目标受众快速了解产品的核心信息。同时，海报设计应该突出产品的亮点和优势，以吸引目标受众的注意力。

✏ 读书笔记

第 14 章　摄影作品制作

摄影艺术是造型艺术的一种，被视为现代形式的写实绘画。传统的摄影是指使用某种专门设备进行影像记录的过程。它在传统写实绘画的基础上，将写实深度进一步拓展，如纹理细节更加清晰，色彩情绪更加可辨。Stable Diffusion 的出现，可以激发摄影师的灵感，并在构图和后期处理上给出参考。本章将详细讲解如何用 Stable Diffusion 制作摄影作品。

14.1　微距摄影

微距摄影又称特写摄影，是摄影艺术的一种表达形式。通过放大事物的微小部分，从而展现出细节、图案和纹理等。具体实现见以下案例。

1. 最终效果图

最终效果图如图 14.1-1 所示。

图 14.1-1

2. 步骤详解

步骤①　如图 14.1-2 所示，打开 Stable Diffusion，根据图像所需的风格选择适合的模型。例如，本案例要生成一张微距摄影的图像，可以选择接近真实风格的模型。

图 14.1-2

步骤②　如图 14.1-3 所示，选择"文生图"选项卡，根据自身的需求填写正向提示词并选择合适的 LoRA 模型，然后填写反向提示词。

图 14.1-3

正向提示词：blur, bokeh, dewdrop,grass,dew is the focal point of the picture, photo_(near), moss, outdoor, grass, focus, chromatic_aberration, <lora: 风光摄影 _ 山川河流 _v2.0:0.7>,

模糊，散景，露珠，草，露珠是图片的焦点，照片（附近），苔藓，户外，草，焦点，色差，<lora: 风光摄影 _ 山川河流 _v2.0:0.7>,

反向提示词：详见 10.1 节（第 117 页）反向提示词

步骤③ 如图 14.1-4 所示，"采样方法"选择 DPM++ 2M Karras，将"迭代步数"调整为 30。

图 14.1-4

步骤④ 如图 14.1-5 所示，根据自身需求选择图像的宽高比例，将"总批次数"设置为 1，"单批数量"设置为 4。

图 14.1-5

步骤⑤ 如图 14.1-6 所示，将"提示词引导系数"设置为 7。

图 14.1-6

步骤⑥ 单击"生成"按钮后生成的 4 张微距摄影图像如图 14.1-7 所示。在生成的图像中选择最喜欢的一张进行保存。最终效果图见图 14.1-1。

图 14.1-7

3. 作者心得

在制作摄影图时，如果想要生成的图像效果好，在选择合适的大模型后，就可以利用 LoRA 模型对大模型进行微调。在初步生成图像时，可以将图像的尺寸像素调小，通过快速刷图得到满意构图的图像后，再通过高分辨率修复提高心仪图像的清晰度。

14.2 创意写真制作

创意写真可以根据用户的思维创意，将材料与媒介相结合，以完成现实与抽象相结合的图片。创意写真的表现手法和形式不是固定不变的，而是多种多样的。Stable Diffusion 可以快速且有效地生成独特的创意写真。具体实现见以下案例。

1. 最终效果图

最终效果图如图 14.2-1 所示。

图 14.2-1

2. 步骤详解

步骤① 如图 14.2-2 所示，将图像进行抠图处理，只留下人物主体。

图 14.2-2

步骤② 如图 14.2-3 所示，打开 Stable Diffusion，选择"图生图"选项卡，根据图像所需的风格选择适合的模型。例如，本案例要生成创意写真的图像，可以选择偏向真实风格的模型。

图 14.2-3

步骤③ 如图 14.2-4 所示，在图片上传区域上传处理好的图像。

图 14.2-4

步骤④ 如图 14.2-5 所示，"采样方法"选择 DPM++ 2M Karras，将"迭代步数"调整为 30。

图 14.2-5

步骤⑤ 如图 14.2-6 所示，根据自身需求选择图像的宽高比例，将"总批次数"设置为 1，"单批数量"设置为 4。

图 14.2-6

步骤⑥ 打开 ControlNet 面板，在图片上传区域上传处理好的图像，并勾选"启用"和"允许预览"选项。"预处理器"选择 openpose_full，"模型"选择 control_v11p_sd15_openpose [cab727d4]，单击 ■（预览）按钮，预处理结果如图 14.2-7 所示。

步骤⑦ 单击"ControlNet 单元 1"选项，在图片上传区域再次上传处理好的图像，并勾选"启用"和"允许预览"选项。"预处理器"选择 Softedge_pidinet，"模型"选择 control_v11p_sd15_softedge [a8575a2a]，其他参数不变，单击 ▣（预览）按钮，预处理结果如图 14.2-8 所示。

图 14.2-7 图 14.2-8

步骤⑧ 如图 14.2-9 所示，根据自身的需求填写正向提示词并选择合适的 LoRA 模型，然后填写反向提示词。

图 14.2-9

正向提示词：In the forest, many butterflies flying around, many details, HD, film light, clean background, <lora: 乐章五部曲 - 蝶舞 _v1.0:1>,

在森林里，身边有许多蝴蝶在飞舞，大量细节，高清，胶片光，干净的背景，<lora: 乐章五部曲 - 蝶舞 _v1.0:1>,

反向提示词：详见 9.1 节（第 103 页）反向提示词

步骤⑨ 单击"生成"按钮后生成的 4 张创意写真的图像如图 14.2-10 所示。在生成的图像中选择最喜欢的一张进行保存。

图 14.2-10

步骤⑩　如图 14.2-11 所示，将生成的效果图置入 Photoshop 进行处理，将生成的图像与人物图像进行简单融合并调整位置。

步骤⑪　如图 14.2-12 所示，先将前面抠好的图像置入 Photoshop，制作成人物蒙版，再将人物填充为白色，背景填充为黑色。

图 14.2-11

图 14.2-12

步骤⑫　如图 14.2-13 和图 14.2-14 所示，将处理好的图像上传至"上传重绘蒙版"区域。将"蒙版边缘模糊度"调整为 7，"蒙版模式"选择"重绘非蒙版内容"。

图 14.2-13

图 14.2-14

步骤⑬　单击"生成"按钮后生成的 4 张写真图像如图 14.2-15 所示。在生成的图像中选择最喜欢的一张进行保存。最终效果图见图 14.2-1。

图 14.2-15

3. 作者心得

在制作创意写真时，主要通过 ControlNet 来控制人物的姿势和外形，具体模型可根据效果来选择。

14.3　风景摄影制作

风景摄影是指展现自然景色、城市建筑等的摄影图像，是多元摄影中的一个门类。Stable Diffusion 可以快速且高效地生成风景摄影作品。具体实现见以下案例。

1. 最终效果图

原图如图 14.3-1 所示。最终效果图如图 14.3-2 所示。

图 14.3-1

图 14.3-2

2. 步骤详解

步骤① 如图 14.3-3 所示，打开 Stable Diffusion，选择"后期处理"选项卡。

图 14.3-3

步骤② 如图 14.3-4 所示，在图片上传区域上传一张需要处理的模糊风景照。

图 14.3-4

步骤③ 如图 14.3-5 所示，将"缩放比例"设置为 4（具体数值可根据自身图像的质量来调整）。

图 14.3-5

步骤④ 如图 14.3-6 所示，"放大算法 1"选择 R-ESRGAN 4x+，其他参数不变。

图 14.3-6

步骤⑤ 单击"生成"按钮。最终效果图见图 14.3-2。

3. 作者心得

通常情况下，在修复动漫人物图时，放大算法会选择 Anime6B；在修复写实风格的图像时，放大算法一般会选择 R-ESRGAN 4x+。

14.4 产品摄影制作

产品摄影是商业摄影的一部分，是以商品为拍摄对象的一种摄影，通过反映商品的形状、结构、性能、色彩和用途等特点，引起顾客的购买欲望。Stable Diffusion 可以快速且高效地生成产品摄影图。具体实现见以下案例。

1. 最终效果图

最终效果图如图 14.4-1 所示。

图 14.4-1

2. 步骤详解

步骤① 如图 14.4-2 所示，将自己的产品图导入 Photoshop 进行抠图和简单的提亮处理。确认好图像大小后导出一张白底产品图。

图 14.4-2

步骤② 如图 14.4-3 所示，打开 Stable Diffusion，选择"文生图"选项卡，根据图像所需的风格选择适合的模型。例如，本案例要生成写实的图像，可以选择接近真实风格的模型。

图 14.4-3

步骤③ 打开 ControlNet 面板，在图片上传区域上传处理好的产品图，并勾选"启用"和"允许预览"选项。"预处理器"选择 canny，"模型"选择 control_v11p_sd15_canny [d14 c01 6b]，单击 ▓（预览）按钮，预处理结果如图 14.4-4 所示。

图 14.4-4

步骤④ 如图 14.4-5 所示，"采样方法"选择 DPM++ 2M Karras，将"迭代步数"调整为 30。

图 14.4-5

步骤⑤ 如图 14.4-6 所示，根据自身需求选择图像的宽高比例，将"总批次数"设置为 1，"单批数量"设置为 4。

图 14.4-6

步骤⑥ 如图 14.4-7 所示，根据自身的需求填写正向提示词并选择合适的 LoRA 模型，然后填写反向提示词。

图 14.4-7

正向提示词：professional product photography, light and shadow from the window on the wall, bamboo leaves light and shadow transmission on the wall, monochrome screen, minimalist style, 8K, masterpiece, high detail, highest picture quality, clean and flat walls, there are fans of the cloth on the table, green plant, (mid-range), <lora:Merchandise Scene Booth- 商品场景展台 _Aliangjun_001:0.7>,
专业产品摄影，光影从窗户照在墙上，竹叶的光影在墙上，奶油配色，极简风格，8K，杰作，高细节，最高的图片质量，干净和平坦的墙壁，桌子上有粉色的布，绿色植物，（中档），<lora：商品场景展位 - 商品场景展台 _Aliangjun_001:0.7>,

反向提示词：paintings, sketches, (worst quality:2), (low quality:2), (blur:1.5), text, watermark, username, low resolution, crash, wrong details, ((monochrome)), ((grayscale)), dull, flat, lackluster,
绘画，素描，（最差质量：2），（低质量：2），（模糊：1.5），文本，水印，用户名，低分辨率，崩溃，错误的细节，（（单色）），（（灰度）），暗淡，平坦，无光泽，

步骤⑦ 单击"生成"按钮后生成的 4 张产品摄影图像如图 14.4-8 所示。在生成的图像中选择最喜欢的一张进行保存。

图 14.4-8

小贴士

这里需要观察产品和桌面是否有接触阴影，这样后续叠图才会更加真实。

步骤⑧ 如图 14.4-9 和图 14.4-10 所示，将生成的效果图置入 Photoshop 进行处理，将生成的图像与产品图像简单融合并调整位置。

图 14.4-9 图 14.4-10

步骤⑨ 如图14.4-11和图14.4-12所示，先将处理好的图像上传至"上传重绘蒙版"区域，再将"蒙版边缘模糊度"调整为6，"蒙版模式"选择"重绘蒙版内容"。

图 14.4-11

图 14.4-12

步骤⑩ 打开 ControlNet 面板，在图片上传区域上传处理好的图像，并勾选"启用"和"允许预览"选项，"预处理器"选择 canny，"模型"选择 control_v11p_sd15_canny [d14c016b]，单击 ■（预览）按钮，预处理结果如图 14.4-13 所示。

14

图 14.4-13

步骤⑪ 如图 14.4-14 所示，根据自己的需求填写正向提示词和反向提示词。

图 14.4-14

正向提示词：professional product photography, light and shadow from the window on the wall, monochrome screen, minimalist style, 8K, masterpiece, high detail, highest picture quality, clean and flat walls, there are fans of the cloth on the table, green plant, (mid-range,)
专业产品摄影，光影从窗户照在墙上，单色屏幕，极简风格，8K，杰作，高细节，最高的图片质量，干净和平坦的墙壁，桌子上有粉色的布，绿色植物，（中档），
反向提示词：详见 14.4.1 节（第 178 页）反向提示词

步骤⑫ 单击"生成"按钮后生成的 4 张产品摄影图像如图 14.4-15 所示。在生成的图像中选择最喜欢的一张进行保存。最终效果图见图 14.4-1。

图 14.4-15

3. 作者心得

产品摄影图像的效果与光影密不可分，所以在填写提示词时，用户可以加上对光影的描述，如侧光、顶光、边缘光、轮廓光、逆光、前侧光、反光、映射光、投影、强光逆光、折射光等。对光影的细致描写可以更好地生成效果图。

✎ 读书笔记

14

第15章 包装及装帧设计

包装设计通过文字、图案、色彩等元素美化产品外观并传递品牌信息，同时涵盖了版面、插图、材料和装订等设计环节，为书籍和产品赋予了独特的视觉和实用价值。Stable Diffusion 简化了包装及装帧设计的流程，创造出独具特色的视觉效果和实用价值。本章将详细讲解如何借助 Stable Diffusion 进行包装及装帧设计。

15.1 绘本设计

一个好的绘本设计，其重点在于精心制作的版式，这样才能加深读者的印象。Stable Diffusion 可以辅助用户进行绘本的样式设计。具体实现见以下案例。

1. 最终效果图

原图如图 15.1-1 所示。最终效果图如图 15.1-2 所示。

图 15.1-1 　　　　　　　　　　　　　　　　图 15.1-2

2. 步骤详解

步骤① 如图 15.1-3 所示，打开 Stable Diffusion，根据图像所需的风格选择适合的模型。例如，本案例要生成一张卡通人物的效果图，可以选择动漫二次元的模型。

图 15.1-3

步骤② 如图 15.1-4 所示，根据自己的需求填写正向提示词和反向提示词。

图 15.1-4

> 正向提示词：a child walked into the forest, surrounded by small animals looking at him, 8K,
> 一个小孩子走进了森林中，周围有小动物看着他，8K，
>
> 反向提示词：详见 12.3 节（第 148 页）反向提示词

步骤③ 如图 15.1-5 所示，根据自身需求选择图像的宽高比例，将"总批次数"设置为 1，"单批数量"设置为 4。

图 15.1-5

步骤④ 如图 15.1-6 所示，将"迭代步数"调整为 25。

图 15.1-6

步骤⑤ 单击"生成"按钮后生成的 4 张图像如图 15.1-7 所示。在生成的图像中选择最喜欢的一张进行后期处理，效果如图 15.1-8 所示。

步骤⑥ 如图 15.1-9 所示，打开 Photoshop，导入用 Stable Diffusion 生成的图像。选择工具栏中的文字工具，输入需要的绘本文案并选择合适的字体，将制作好的绘本封面置入样机中。

图 15.1-7

图 15.1-8

图 15.1-9

3. 作者心得

目前，Stable Diffusion 的功能还不完善，生成的脸、手脚等部位容易有缺陷，这时可以通过面部修复、涂鸦重绘等方式解决，或者通过修改提示词的方式控制面部参考和姿势参考。

15.2 专辑封面

专辑封面可以起到推广品牌影响力和表达专辑思想的作用。Stable Diffusion 可以直接生成不同风格的专辑封面图。具体实现见以下案例。

1. 最终效果图

最终效果图如图 15.2-1 所示。

图 15.2-1

2. 步骤详解

步骤① 如图 15.2-2 所示，打开 Stable Diffusion，选择"文生图"选项卡，根据图像所需的风格选择适合的模型。例如，本案例要生成一张动漫风格的图像，可以选择动漫风格的模型。

图 15.2-2

步骤② 如图 15.2-3 所示，根据自己的需求填写正向提示词和反向提示词。

图 15.2-3

| 正向提示词：A dreamy album cover, 8K, walking on the clouds, stars, |
| 梦幻般的专辑封面，8K，云中行走，星星， |
| 反向提示词：monochrome, blurred, poor quality, |
| 单色，模糊，质量差， |

步骤③ 如图 15.2-4 所示，将"迭代步数"调整为 25。

图 15.2-4

步骤④ 如图 15.2-5 所示，将宽高比例调整为 720×720，"总批次数"调整为 1，"单批数量"调整为 4。

图 15.2-5

步骤⑤ 单击"生成"按钮后生成的 4 张图像如图 15.2-6 所示。在生成的图像中选择最喜欢的一张进行优化修改，效果如图 15.2-7 所示。

图 15.2-6

图 15.2-7

步骤⑥ 如图 15.2-8 所示，将选中的图像发送到重绘中调整细节。最终效果图如图 15.2-9 所示。

图 15.2-8

图 15.2-9

步骤⑦ 如图 15.2-10 所示，打开 ControlNet 面板，在图片上传区域上传一张白底黑线的总平图，并勾选"启用"和"允许预览"选项，单击右下角的 ⤵（统一图像尺寸）按钮，与原图尺寸进行匹配。

图 15.2-10

步骤⑧ 如图 15.2-11 所示，"预处理器"选择 tile_resample，"模型"选择 control_v111e_sd15_tile[a371b31b]，单击 ✹（预览）按钮，预处理结果如图 15.2-12 所示。

图 15.2-11

图 15.2-12

步骤⑨ 如图 15.2-13 所示，根据自己的需求填写正向提示词和反向提示词。

图 15.2-13

| 正向提示词：a cloudy sky , there is a shooting star in the distance above the clouds, 8K , |
| 多云的天空，云层上方远处有一颗流星，8K， |
| 反向提示词：monochrome, blurred, poor quality, |
| 单色，模糊，质量差， |

步骤⑩ 单击"生成"按钮后生成的 4 张专辑封面图像如图 15.2-14 所示。在生成的图像中选择最喜欢的一张保存后进行加工处理。

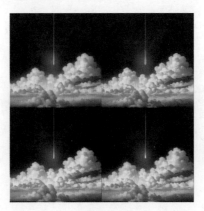

图 15.2-14

步骤⑪ 如图 15.2-15 所示，进入 Photoshop，打开音乐专辑样机，效果如图 15.2-16 所示。将制作好的专辑封面置入样机中，并更改一个和封面匹配的背景色。

图 15.2-15　　　　　　　　　　　　　图 15.2-16

步骤⑫　效果如图 15.2-17 和图 15.2-18 所示，给制作好的专辑增加一个亚克力盒子效果和塑封效果，最后将专辑整体进行放大和调色就完成了。最终效果图见图 15.2-1。

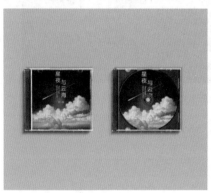　　　　

图 15.2-17　　　　　　　　　　　　　图 15.2-18

3. 作者心得

在用 Stable Diffusion 出图时，可以综合运用涂鸦重绘、蒙版重绘、ControlNet v1.1.170 插件中的 tile 选项，使生成的图像画面更加完善和丰富。

15.3　盒装包装设计

盒装包装设计可以增强品牌的辨识度，Stable Diffusion 技术可以直接生成品牌的设计图，节省设计流程中所耗费的时间。具体实现见以下案例。

1. 最终效果图

原图如图 15.3-1 所示。最终效果图如图 15.3-2 所示。

图 15.3-1   图 15.3-2

2.步骤详解

步骤① 如图 15.3-3 所示，打开 Stable Diffusion，选择"文生图"选项卡，根据图像所需的风格选择适合的模型。例如，本案例要生成一张宠物猫的二次元图像，可以选择动漫的大模型。

图 15.3-3

步骤② 如图 15.3-4 所示，根据自身的需求填写正向提示词并选择合适的 LoRA 模型，然后填写反向提示词。

图 15.3-4

正向提示词：green background, cute cat, lively expression, high-quality, loved by pets, 8K, <lora:logo 15.3:1>, pet food packaging, logo,
绿色背景，可爱猫咪，表情活泼，高品质，深受宠物喜爱，8K，<lora:logo 15.3:1>，宠物食品包装，标志，

反向提示词：monochrome, blurred, (worst auality, low quality:1.4), text, name, letters, watermark, word, many tails, many feet,
单色，模糊，（最差质量，低质量：1.4），文本，名称，字母，水印，单词，许多尾巴，许多脚，

步骤③ 如图 15.3-5 所示，根据自身需求选择图像的宽高比例，将"总批次数"设置为 1，"单批数量"设置为 4。

15

图 15.3-5

步骤④ 单击"生成"按钮后生成的 4 张猫咪图像如图 15.3-6 所示。在生成的图像中选择最喜欢的两张进行保存，效果如图 15.3-7 和图 15.3-8 所示。

图 15.3-6

图 15.3-7

图 15.3-8

步骤⑤ 如图 15.3-9 所示，将保存后的图像导入 Photoshop，利用文字工具加上想要的文字。

图 15.3-9

步骤⑥ 如图 15.3-10 和图 15.3-11 所示，打开样机网站，上传制作好的图像，调整图像的位置和尺寸。最终效果图见图 15.3-2。

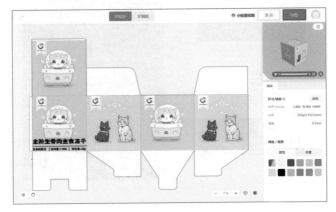

图 15.3-10

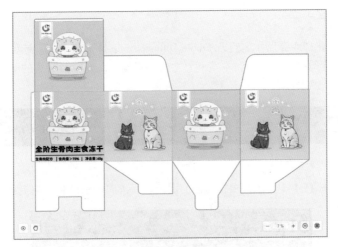

图 15.3-11

3. 作者心得

由于 Stable Diffusion 尚且不能区分文字，因此若想 Stable Diffusion 盒装设计落地，只能由 Stable Diffusion 出图，使用 Photoshop 进行文字加工、排版，再基于加工好的图像制作盒装设计。

15.4 书籍版式参考

Stable Diffusion 可以生成不同排版格式的书籍页面版式，从而提高设计师的工作效率。具体实现见以下案例。

1. 最终效果图

最终效果图如图 15.4-1 所示。

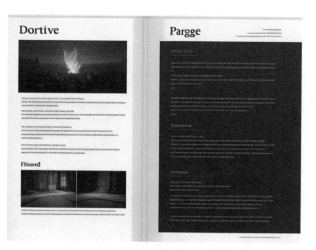

图 15.4-1

2. 步骤详解

步骤① 如图 15.4-2 所示，打开 Stable Diffusion，选择"文生图"选项卡，根据图像所需的风格选择适合的模型。例如，本案例要生成一张偏二次元页面版式的图像，可以选择动漫的大模型。

图 15.4-2

步骤② 如图 15.4-3 所示，根据自己的需求填写正向提示词和反向提示词。

图 15.4-3

正向提示词：page design, layout design, artistic fonts, 8K, combination of text and pictures, symmetry, simple layout, extreme details, 2 pages, layout design, front view, more text than pictures, photography, high definition,
页面设计，版式设计，艺术字体，8K，图文结合，对称，简约版式，极致细节，2 页，版式设计，正视图，文比图多，摄影，高清，

反向提示词：monochrome, blurred, (worst quality, low quality:1.4), vague, human face,
单色，模糊，（最差质量，低质量：1.4），模糊，人脸，

步骤③ 如图 15.4-4 所示，将"迭代步数"调整为 25。

图 15.4-4

步骤④ 如图 15.4-5 所示，根据自身需求选择图像的宽高比例，将"总批次数"设置为 1，"单批数量"设置为 4。

图 15.4-5

步骤⑤ 单击"生成"按钮后生成的 4 张图像如图 15.4-6 所示。在生成的图像中选择最喜欢的一张进行优化。

图 15.4-6

步骤⑥ 如图 15.4-7 所示，将选中的图像发送到后期处理，发送结果如图 15.4-8 所示。

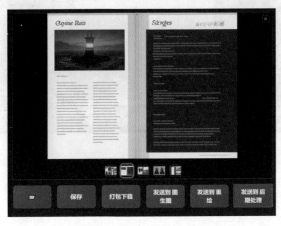

图 15.4-7

图 15.4-8

步骤⑦　如图 15.4-9 所示，"放大算法 1""放大算法 2"均选择 R-ESRGAN 4x+，将"放大算法 2 强度"调整至中间值。

图 15.4-9

步骤⑧　如图 15.4-10 所示，将"GFPGAN 可见程度""CodeFormer 可见程度"和"CodeFormer 强度"均调整至中间值。

图 15.4-10

步骤⑨　如图 15.4-11 所示，单击"生成"按钮，将生成的图像保存。最终效果图见图 15.4-1。

图 15.4-11

15

3. 作者心得

绘制书籍版式时，需要注意强调页数，如果随机生成的图像中文字部分过少，可以在正向提示词中加入文字比图多等词语，图像过少同理。

✏ 读书笔记

第16章 产品设计

Stable Diffusion 可以通过先进的 AI 技术，为设计者提供创意灵感，加速设计流程，从而助力设计者在产品设计领域取得更高效的成果。本章将深入探讨如何利用 Stable Diffusion 为产品设计注入新意，实现更出色的设计成果。

16.1 电吹风设计

Stable Diffusion 可以快速根据线稿生成概念图，让用户快速而直观地感受产品的真实效果。具体实现见以下案例。

1. 最终效果图

原图如图 16.1-1 所示。最终效果图如图 16.1-2 所示。

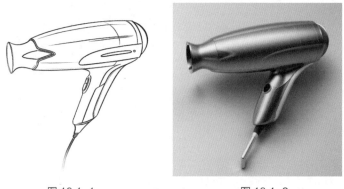

图 16.1-1   图 16.1-2

2. 步骤详解

步骤① 如图 16.1-3 所示，打开 Stable Diffusion，选择"文生图"选项卡，根据图像所需的风格选择适合的模型。例如，本案例要将线稿转换为真实风格的图像，可以选择写实类风格的模型。

图 16.1-3

步骤② 如图16.1-4所示，打开ControlNet面板，将图像拖入ControlNet图像窗口，勾选"启用"和"允许预览"选项。

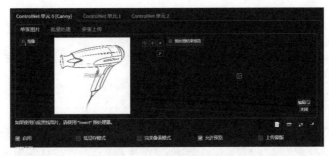

图 16.1-4

步骤③　如图 16.1-5 所示，"控制类型"选择 Canny（硬边缘），"预处理器"选择 canny，"模型"选择 control_v11p_sd15_canny[d14c016b]，单击 ✲（预览）按钮，预处理结果如图 16.1-6 所示。

图 16.1-5

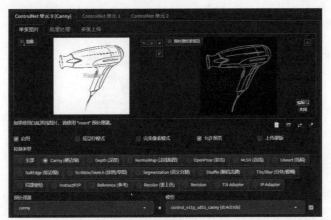

图 16.1-6

步骤④　如图 16.1-7 所示，根据自己的需求填写正向提示词和反向提示词。

图 16.1-7

正向提示词：hair dryer design, made of fabric and plastic, golden pattern, masterpiece, best quality, industrial design, white background, realistic, minimalism, octane rendering,

电吹风设计，由织物和塑料制成，金色花纹，杰作，最佳质量，工业设计，白色背景，现实主义，极简主义，辛烷渲染，

反向提示词：详见 10.1 节（第 117 页）反向提示词

步骤⑤ 如图 16.1–8 所示，"采样方法"选择 DPM++ 2M Karras，将"迭代步数"调整为 20。

图 16.1–8

步骤⑥ 如图 16.1–9 所示，根据自身需求选择图像的宽高比例，将"总批次数"设置为 1，"单批数量"设置为 4。

图 16.1–9

步骤⑦ 单击"生成"按钮后生成的 4 张电吹风图像如图 16.1–10 所示。在生成的图像中选择最喜欢的一张进行保存。最终效果图见图 16.1–2。

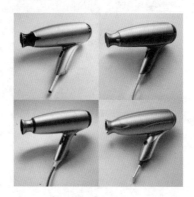

图 16.1–10

3. 作者心得

电吹风设计应考虑不同用户的身体特点和需求，以满足不同用户的需求和偏好。同时，电吹风的材料选择对舒适性和耐用性至关重要，选择透气性好、舒适柔软的材料，并考虑防污、耐磨等特性，以提高电吹风的舒适性和耐用性。

16.2 汽车外观设计

使用 Stable Diffusion 进行汽车外观设计是一种创新和高效的方法。下面将通过一个案例来展示如何运用这项技术设计汽车外观。

1. 最终效果图

原图如图 16.2-1 所示。最终效果图如图 16.2-2 所示。

图 16.2-1　　　　　　　　　　图 16.2-2

2. 步骤详解

步骤① 如图 16.2-3 所示，打开 Stable Diffusion，选择"图生图"选项卡，根据图像所需的风格选择适合的模型。例如，本案例要将汽车线稿的图像转换为真实汽车的图像，可以选择写实类风格的模型。

图 16.2-3

步骤② 如图 16.2-4 所示，在图片上传区域上传线稿图像。

图 16.2-4

步骤③ 如图 16.2-5 所示，"采样方法"选择 DPM++ 3M SDE Karras，将"迭代步数"调整为 25。

图 16.2-5

步骤④ 如图 16.2-6 所示，根据自身需求选择图像的宽高比例，将"总批次数"设置为 1，
"单批数量"设置为 4。

图 16.2-6

步骤⑤ 如图 16.2-7 所示，将"重绘幅度"调整为 0.7。

图 16.2-7

步骤⑥ 如图 16.2-8 所示，打开 ControlNet 面板，勾选"启用"选项，控制类型选择
Lineart（线稿）。

图 16.2-8

步骤⑦ 如图 16.2-9 所示，根据自己的需求填写正向提示词并选择合适的 LoRA 模型，
再填写反向提示词。

图 16.2-9

正向提示词：glow, sports car, 3d product rendering, fine, minimalist, ue5, computer rendering, minimalist, octane rendering, 4K, <lora: 真实感 Product Design (Elegant minimalism-eddiemauro) LORA_v2:1.5>,

发光，跑车，三维产品渲染，精细，简约，虚幻引擎，计算机渲染，简约，辛烷渲染，4K，<lora: 真实感产品设计 (Elegant minimalism-eddiemauro) LORA_v2:1.5>,

反向提示词：(worst quality:1.8), (low quality:1.8), (normal quality:1.9), lowres, ((monochrome)), ((grayscale)), cropped, text, jpeg artifacts, signature, watermark, username, sketch, cartoon, drawing, anime, duplicate, blurry, semi-realistic, out of frame, ugly, deformed,

（最差质量：1.8），（低质量：1.8），（正常质量：1.9），低分辨率，（（单色）），（（灰度）），裁剪，文本，jpeg 工件，签名，水印，用户名，草图，卡通，绘图，动漫，重复，模糊，半现实，框架外，丑陋，变形，

步骤⑧ 单击"生成"按钮后生成的 4 张汽车图像如图 16.2-10 所示。在生成的图像中选择最喜欢的一张进行保存。最终效果图见图 16.2-2。

图 16.2-10

3. 作者心得

在汽车外观设计中，比例感是至关重要的。车身的长度、高度、宽度以及轮胎、车轮间距等都需要精确把握，以确保整体外观的平衡和流畅性。在关键词中加入与汽车外观的质感相关的提示词，借助 Stable Diffusion 实现理想的设计效果。

16.3 盲盒手办设计

利用 Stable Diffusion 进行盲盒手办设计，可以创造独特而吸引人的收藏品。具体实现见以下案例。

1.最终效果图

最终效果图如图 16.3-1 所示。

图 16.3-1

2.步骤详解

步骤① 如图 16.3-2 所示，打开 Stable Diffusion，选择"文生图"选项卡，根据图像所需的风格选择适合的模型。例如，本案例要生成盲盒手办风格的图像，可以选择盲盒手办风格的模型。

图 16.3-2

步骤② 如图 16.3-3 所示，根据自己的需求填写正向提示词和反向提示词。

图 16.3-3

> 正向提示词：chibi, 1 girl, hanfu, medium hair, backpack, clothes writing, short hair, fang, white background, closed mouth, HDR, UHD, 8K, best quality, ultra-fine painting, studio lighting, simple background, <lora:IP设计_可爱国风盲盒_1.0:0.9>,
> 可爱版，一个女孩，汉服，中发，背包，在衣服上写字，短发，獠牙，白色背景，闭嘴，HDR，超高清，8K，最佳画质，超精细绘画，工作室灯光，简约背景，<lora:IP 设计_可爱国风盲盒_1.0:0.9>,
>
> 反向提示词：详见 9.1 节（第 103 页）反向提示词

步骤③ 如图 16.3-4 所示，"采样方法"选择 DPM++ 2S a Karras，将"迭代步数"调整为 30。

图 16.3-4

步骤④ 如图 16.3-5 所示,根据自身需求选择图像的宽高比例,将"总批次数"设置为 1,"单批数量"设置为 4。

图 16.3-5

步骤⑤ 单击"生成"按钮后生成的 4 张手办图像如图 16.3-6 所示。在生成的图像中选择最喜欢的一张进行保存。最终效果图见图 16.3-1。

图 16.3-6

3. 作者心得

盲盒的主题是吸引消费者的关键之一。选择一个独特、有趣、引人入胜的主题,可以增强盲盒的吸引力和提高销售量,还可以考虑流行文化、动漫、电影、游戏等方面的主题。

16.4 座椅设计

利用 Stable Diffusion 进行座椅设计,可以达到新颖而舒适的效果。具体实现见以下案例。

1. 最终效果图

原图如图 16.4-1 所示。最终效果图如图 16.4-2 所示。

图 16.4-1

图 16.4-2

2. 步骤详解

步骤① 如图 16.4-3 所示，打开 Stable Diffusion，选择"文生图"选项卡，根据图像所需的风格选择适合的模型。例如，本案例要将线稿转换为真实风格的图像，可以选择写实类风格的模型。

图 16.4-3

步骤② 如图 16.4-4 所示，打开 ControlNet 面板，将图像拖入 ControlNet 图像窗口，勾选"启用"和"允许预览"选项。

图 16.4-4

步骤③ 如图 16.4-5 所示，"控制类型"选择 Canny（硬边缘），"预处理器"选择 canny，"模型"选择 control_v11p_sd15_canny [d14c016b]，单击 ■（预览）按钮，预处理结果如图 16.4-6所示。

图 16.4-5

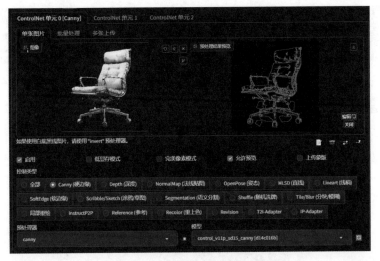

图 16.4-6

步骤④ 如图 16.4-7 所示，根据自己的需求填写正向提示词和反向提示词。

图 16.4-7

正向提示词：chair design, bright orange fabric, made of fabric and stainless steel, masterpiece, best quality, industrial design, OC blender, white background, realistic, rendering, minimalism, octane rendering,
椅子设计，亮橙色织物，由织物和不锈钢制成，杰作，最佳质量，工业设计，OC 渲染，白色背景，现实，渲染，极简主义，辛烷渲染，

反向提示词：详见 10.1 节（第 117 页）反向提示词

步骤⑤ 如图 16.4-8 所示，"采样方法"选择 DPM++ 2M Karras，将"迭代步数"调整为 20。

图 16.4-8

步骤⑥ 如图 16.4-9 所示，根据自身需求选择图像的宽高比例，将"总批次数"设置为 1，"单批数量"设置为 4。

16

图 16.4-9

步骤⑦ 单击"生成"按钮后生成的 4 张座椅图像如图 16.4-10 所示。在生成的图像中选择最喜欢的一张进行保存。最终效果图见图 16.4-2。

图 16.4-10

3. 作者心得

座椅设计应考虑不同用户的身体特点和需求，以满足不同用户的需求和偏好。同时座椅的材料选择对舒适性和耐用性至关重要，选择透气性好、舒适柔软的材料，并考虑防污、耐磨等特性，以提高座椅的舒适性和耐用性。

✎ 读书笔记

第17章 家居及空间设计

家居及空间设计是通过合理的布局、色彩搭配和装饰品选择，创造出舒适、美观、实用的居住和工作环境。Stable Diffusion 为家居及空间设计提供了便捷的创意和灵活的布局调整，使设计过程更高效。本章将详细讲解如何用 Stable Diffusion 进行家居及空间设计。

17.1 客厅设计

客厅设计的线稿草图可以为设计师提供一定的参考性，Stable Diffusion 可以为设计师快速生成类似的参考效果图。具体实现见以下案例。

1. 最终效果图

原图如图 17.1-1 所示。最终效果图如图 17.1-2 所示。

图 17.1-1   图 17.1-2

2. 步骤详解

步骤① 如图 17.1-3 所示，打开 Stable Diffusion，根据图像所需的风格选择适合的模型。例如，本案例要生成一张客厅的室内图像，可以选择接近室内装修风格的大模型。

图 17.1-3

步骤② 如图 17.1-4 所示，根据自己的需求填写正向提示词和反向提示词。

图 17.1-4

正向提示词：modern luxury living room, neutral tones, in the style of impressionistic surfaces, gray and beige, organic, fluid lines, bronze and beige, eco-friendly craftsmanship, saturated palette, marbleized, best quality, movie photos, 4K,

现代豪华客厅，中性色调，印象派表面风格，灰色和米色，有机，流体线条，青铜和米色，环保工艺，饱和调色板，大理石，最佳质量，电影照片，4K，

反向提示词：low quality, blurry, bad anatomy, worst quality, text, watermark, normal quality, ugly, signature, lowres, deformed, disfigured, cropped, jpeg artifacts, error, mutation, logo, watermark, text, logo, contact, error, blurry, cropped, username, artist name, (worst quality, low quality:1.4), monochrome,

低质量，模糊，不良解剖结构，最差质量，文本，水印，正常质量，丑陋，签名，低分辨率，变形，毁容，裁剪，jpeg 工件，错误，突变，徽标，水印，文本，徽标，联系人，错误，模糊，裁剪，用户名，艺术家姓名（最差质量，低质量：1.4），单色，

步骤③ 如图 17.1-5 所示，将"迭代步数"调整为 25。

图 17.1-5

步骤④ 如图 17.1-6 所示，根据自身需求选择图像的宽高比例，将"总批次数"设置为 1，"单批数量"设置为 4。

图 17.1-6

步骤⑤ 如图 17.1-7 所示，打开 ControlNet 面板，在图片上传区域上传图像，并勾选下方全部选项。

图 17.1-7

步骤⑥ 如图 17.1-8 所示，"控制类型"选择 Lineart（线稿）。

图 17.1-8

步骤⑦ 如图 17.1-9 所示，"预处理器"选择 lineart_standard（from white bg & black line），模型任意选择一个，单击◆（预览）按钮，预处理结果如图 17.1-10 所示。

图 17.1-9

图 17.1-10

步骤⑧ 单击"生成"按钮后生成的 4 张客厅设计图如图 17.1-11 所示。在生成的图像中选择最喜欢的一张进行保存。最终效果图见图 17.1-2。

图 17.1-11

3. 作者心得

为了使生成的图像与线稿更加相似，可以在正向提示词中添加与线稿一致的场景提示词。与线稿重合的提示词越多、越详细，生成的图像就越精准和类似。

17.2 书房设计

在书房设计的过程中，通常会使用 Sketch Up 建模，但耗费的时间会比较长，而 Stable Diffusion 可以直接将 Sketch Up 的白模转换为效果图，从而减少设计流程中所耗费的时间成本。具体实现见以下案例。

1. 最终效果图

原图如图 17.2-1 所示。最终效果图如图 17.2-2 所示。

图 17.2-1 图 17.2-2

2. 步骤详解

步骤① 如图 17.2-3 所示，打开 Stable Diffusion，根据图像所需的风格选择适合的模型。例如，本案例要生成一张书房的室内图像，可以选择接近室内装修风格的大模型。

图 17.2-3

步骤② 如图 17.2-4 所示，根据自己的需求填写正向提示词并选择合适的 LoRA 模型，再填写反向提示词。

图 17.2-4

正向提示词：study room, new Chinese style, detailed details, best quality, 8K, <lora: 轻奢新中式风格室内 :0.4>

书房，新中式风格，详细的细节，最佳质量，8K，<lora: 轻奢新中式风格室内 :0.4>

反向提示词：详见 17.1 节（第 208 页）反向提示词

步骤③ 如图 17.2-5 所示，将"迭代步数"调整为 25。

图 17.2-5

步骤④ 如图 17.2-6 所示，根据自身需求选择图像的宽高比例，将"总批次数"设置为 1，"单批数量"设置为 4。

图 17.2-6

步骤⑤ 如图 17.2-7 所示，打开 ControlNet 面板，在图片上传区域上传一张 Sketch Up 的白模图像，并勾选下方全部选项。

图 17.2-7

步骤⑥ 如图 17.2-8 所示，"预处理器"选择 seg_ofade20k，"模型"选择 control_v11p_sd15_seg[elf51eb9]，单击 ■（预览）按钮，预处理结果如图 17.2-9 所示。

图 17.2-8

图 17.2-9

步骤⑦ 单击"生成"按钮后生成的 4 张书房设计图如图 17.2-10 所示。在生成的图像中选择最喜欢的一张进行保存。最终效果图见图 17.2-2。

图 17.2-10

3. 作者心得

在使用 ControlNet 插件时，为了使生成的图像与导入 ControlNet 中的图像一致，可以同时将三个 ControlNet 单元的预处理器分别选择为线稿提取（lineart）、深度图估算（depth）、语义分割（seg），以此来控制生成图像的精准度。

17.3 毛坯房转换为最终效果图

从未装修的毛坯房到最后的精装房往往需要很多步骤，Stable Diffusion 可以直接将毛坯房的照片转换为最终效果图，给设计者提供参考。这样可以节省设计流程中耗费的时间成本，避免资源的浪费。具体实现见以下案例。

1. 最终效果图

原图如图 17.3-1 所示。最终效果图如图 17.3-2 所示。

图 17.3-1   图 17.3-2

2. 步骤详解

步骤① 如图 17.3-3 所示，打开 Stable Diffusion，选择"文生图"选项卡，根据图像所需的风格选择适合的模型。例如，本案例要生成一张精装房的图像，可以选择接近室内装修风格的大模型。

图 17.3-3

步骤② 如图 17.3-4 所示，根据自己的需求填写正向提示词和反向提示词。

图 17.3-4

| 正向提示词：a modern living room with a white couch and chairs, golden light, soft renderings, light brown and yellow, 4K, |
| 放有白色沙发和椅子的现代客厅，金色灯光，柔和的渲染，浅棕色和黄色，4K， |
| 反向提示词：详见 17.1 节（第 208 页）反向提示词 |

步骤③ 如图 17.3-5 所示，将"迭代步数"调整为 25。

图 17.3-5

步骤④ 如图 17.3-6 所示，根据自身需求选择图像的宽高比例，将"总批次数"设置为 1，"单批数量"设置为 4。

图 17.3-6

步骤⑤ 如图 17.3-7 所示，打开 ControlNet 面板，在图片上传区域上传一张毛坯房的图像，并勾选"启用"和"允许预览"选项。

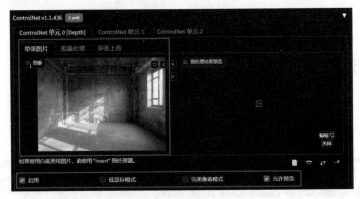

图 17.3-7

步骤⑥ 如图 17.3-8 所示，"预处理器"选择 depth_leres++，"模型"选择 control_v11f1p_sd15_depth[cfd0315]，单击 ✳ （预览）按钮，预处理结果如图 17.3-9 所示。

图 17.3-8

图 17.3-9

步骤⑦ 单击"生成"按钮后生成的 4 张精装房图像如图 17.3-10 所示。在生成的图像中选择最喜欢的一张进行保存。最终效果图见图 17.3-2。

图 17.3-10

3. 作者心得

将毛坯房转换为精装房效果图的方法有以下三种。

（1）根据毛坯房图像，填写提示词，随机生成效果图。这样做的缺点是 Stable Diffusion 生成图具有一定的随机性，难以控制家具的具体位置。

（2）在毛坯房图像的基础上，使用 Photoshop 简单填充不同色块，绘制 seg 图像，再随机生成效果图。这样做的缺点是操作较麻烦，并且需要寻找 seg 中室内家具的颜色。

（3）将毛坯房图像导入 Sketch Up 中，以一张相似的室内空间布局的照片作为参考，在 Sketch Up 中摆放好家具的位置，再放入 Stable Diffusion 中随机生成效果图。这样做的缺点是操作较麻烦，需要使用 Sketch Up 建立毛坯房的模型并摆放家具模型。

17.4 生成不同风格的室内效果图

如果要基于一张参考意向图快速得到其他风格的意向图，用 Stable Diffusion 可以直接将意向图转换为不同的风格。具体实现见以下案例。

1. 最终效果图

最终效果图如图 17.4-1 和图 17.4-2 所示。

图 17.4-1

图 17.4-2

2. 步骤详解

步骤① 如图 17.4-3 所示，打开 Stable Diffusion，选择"图生图"选项卡，根据图像所需的风格选择适合的模型。例如，本案例需要生成一张厨房的图像，可以选择接近室内装修风格的大模型。

图 17.4-3

步骤② 如图 17.4-4 所示，根据自身的需求填写正向提示词和反向提示词。

图 17.4-4

正向提示词：modern French style, ((kitchen, milky coffee color background, linen color home, yellow accent)), chandelier, romantic, elegant, detailed details, best image quality, 8K, 现代法式风格，（（厨房，奶咖啡色背景，亚麻色家居，黄色色调）），吊灯，浪漫，优雅，细节丰富，最佳图像质量，8K，
反向提示词：详见 17.1 节（第 208 页）反向提示词

步骤③ 如图 17.4-5 所示，在图片上传区域上传图像。

图 17.4-5

步骤④ 如图 17.4-6 所示，将"迭代步数"调整为 25。

图 17.4-6

步骤⑤ 如图 17.4-7 所示，根据自身需求选择图像的宽高比例，将"总批次数"设置为 1，"单批数量"设置为 4。

图 17.4-7

步骤⑥ 单击"生成"按钮后生成的 4 张图像如图 17.4-8 所示。在生成的图像中选择最喜欢的一张进行保存。

图 17.4-8

步骤⑦ 如图 17.4-9 所示，打开 ControlNet 面板，在图片上传区域上传保存的图像，并勾选"启用"和"允许预览"选项。

图 17.4-9

步骤⑧ 如图 17.4-10 所示，"预处理器"选择 tile_resample，"模型"选择 control_v11f1e_sd15_tile[a371b31b]，单击■（预览）按钮，预处理结果如图 17.4-11 所示。

图 17.4-10

图 17.4-11

步骤⑨ 单击"生成"按钮后生成的 4 张图像如图 17.4-12 所示。在生成的图像中选择最喜欢的一张进行保存。最终效果图见图 17.4-2。

图 17.4-12

3. 作者心得

更换风格主要依赖于 LoRA 模型，如果 LoRA 模型的画面丰富，则生成的图像的画面也会更多样。同时，还可以通过叠加 LoRA 模型或调整两种 LoRA 模型的权重比例的方法得到不同风格的图像。

第18章 建筑设计

建筑是人们为满足各种需求而创造的产物，而建筑设计则是将这些需求与科学、美学原则相结合，创造出具有功能性、美观性和可持续性的建筑物和结构的过程。Stable Diffusion 可以提供颜色和布局上的创意，加快前期方案的设计进程。本章将详细讲解如何使用 Stable Diffusion 进行建筑设计，提高工作效率。

18.1 小院改造

如果有旧房需要改造，Stable Diffusion 可以为用户快速生成改造后的参考效果图，从而提供方案备选。具体实现见以下案例。

1. 最终效果图

原图如图 18.1-1 所示。最终效果图如图 18.1-2 所示。

图 18.1-1 图 18.1-2

2. 步骤详解

步骤① 如图 18.1-3 所示，打开 Stable Diffusion，根据图像所需的风格选择适合的模型。例如，本案例要生成一张小院的图像，可以选择写实类风格的大模型。

图 18.1-3

步骤② 如图 18.1-4 所示，打开 ControlNet 面板，在图片上传区域上传一张旧房图像，并勾选"启用"和"允许预览"选项。

图 18.1-4

步骤③ 如图 18.1-5 所示，"预处理器"选择 depth_leres，"模型"选择 control_v11f1p_ sd15_depth[cfd0315]，单击 ▓（预览）按钮，预处理结果如图 18.1-6 所示。

图 18.1-5

图 18.1-6

步骤④ 如图 18.1-7 所示，根据自身的需求填写正向提示词并选择合适的 LoRA 模型，然后填写反向提示词。

图 18.1-7

正向提示词：rural renovation, small courtyards, villa residences, more details, 8K, 乡村改造，小庭院，别墅住宅，更多细节，8K，
反向提示词：blurry, deformed, dirt, bad color matching, graying, distorted, NSFW,(worst quality:2), (low quality:2), (normal quality:2), lowres, (monochrome), signature, text, logo, (distorted lines:2), 模糊，变形，污垢，配色不良，变灰，扭曲，工作场所不宜，（最差质量：2），（低质量：2），（正常质量：2），低分辨率，（单色），签名，文本，徽标，（扭曲的线条：2），

步骤⑤ 如图 18.1-8 所示，根据自身需求选择图像的宽高比例，将"总批次数"设置为 1，"单批数量"设置为 4。

图 18.1-8

步骤⑥ 如图 18.1-9 所示，将"迭代步数"设置为 25。

图 18.1-9

步骤⑦ 单击"生成"按钮后生成的 4 张改造后的图像如图 18.1-10 所示。在生成的图像中选择最喜欢的一张进行保存。最终效果图见图 18.1-2。

图 18.1-10

3. 作者心得

生成图的效果主要依赖于基础模型与 LoRA 模型，因此在效果不是很理想时，用户可以从生成的图像中挑选一张较符合要求的效果图，然后重新导入至 ControlNet 上传区域，重复步骤②~步骤⑥，继续随机生成，直到出现满意的效果图为止。

18.2 总平图转换为彩平图

总平图和彩平图都是建筑设计中必不可少的组成部分，Stable Diffusion 可以将总平图快速转换为彩平图，从而节省设计流程中所耗费的时间与人力成本。具体实现见以下案例。

1. 最终效果图

原图如图 18.2-1 所示。最终效果图如图 18.2-2 所示。

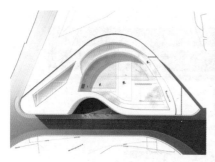

图 18.2-1　　　　　　　　　　图 18.2-2

2. 步骤详解

步骤① 如图 18.2-3 所示，打开 Stable Diffusion，根据图像所需的风格选择适合的模型。例如，本案例要生成一张建筑总平面图，可以选择建筑或通用写实的大模型。

图 18.2-3

步骤② 如图 18.2-4 所示，打开 ControlNet 面板，在图片上传区域上传一张白底黑线的总平图，并勾选"启用"和"允许预览"选项。

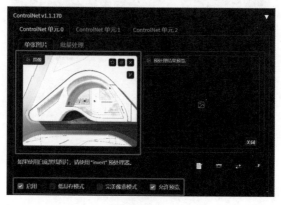

图 18.2-4

步骤③ 如图 18.2-5 所示，"预处理器"选择 invert（from white bg & black line），"模型"任选一个，单击 ✴ （预览）按钮，预处理结果如图 18.2-6 所示。

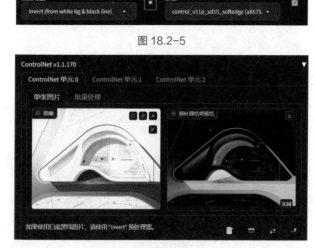

图 18.2-5

图 18.2-6

步骤④ 如图 18.2-7 所示，根据自身的需求填写正向提示词并选择合适的 LoRA 模型，然后填写反向提示词。

图 18.2-7

正向提示词：colour plan, plot plan, best quality, bird's eye view, shaped plan, highway, sunny, early morning, best shadows, light-feeling, colour plan, 4K, <lora:18.2Landscape Colour Plans:1>,
彩色平面图，小区平面图，最佳质量，鸟瞰图，异形平面图，高速公路，晴天，清晨，最佳阴影，光感，彩色平面图，4K，<lora:18.2Landscape Colour Plans:1>,

反向提示词：详见 17.1 节（第 208 页）反向提示词

步骤⑤ 如图 18.2-8 所示，根据自身需求选择图像的宽高比例，将"总批次数"设置为 1，"单批数量"设置为 4。

图 18.2-8

步骤⑥ 如图 18.2-9 所示，将"迭代步数"设置为 25。

图 18.2-9

步骤⑦ 单击"生成"按钮后生成的 4 张彩平图像如图 18.2-10 所示。在生成的图像中选择最喜欢的一张进行保存。最终效果图见图 18.2-2。

图 18.2-10

3. 作者心得

由于总平面图只有黑白两色，因此在没有要求图像精确度的情况下，通常不使用 ControlNet 中的语义分割插件（seg）。若对生成图像的精确度有要求，可以采取第 17 章中的方法：先用 Photoshop 在图像上绘制好（建筑、一级路、植物等在 seg 中对应的颜色）色块，再将绘制好后的图像导入 ControlNet，这样生成的图可以更加精确地区分不同区域的画面。

18.3　AutoCAD 立面图转换为效果图

Stable Diffusion 同样支持将 AutoCAD 立面图转换为效果图，为用户提供参考。具体实现见以下案例。

1. 最终效果图

原图如图 18.3-1 所示。最终效果图如图 18.3-2 所示。

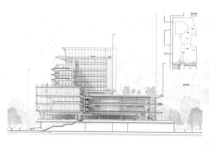

图 18.3-1

图 18.3-2

2. 步骤详解

步骤① 如图 18.3-3 所示，打开 Stable Diffusion，根据图像所需的风格选择适合的模型。例如，本案例要生成一张建筑立面的效果图，可以选择建筑或通用写实的大模型。

图 18.3-3

步骤② 如图 18.3-4 所示，打开 ControlNet 面板，在图片上传区域上传一张 AutoCAD 的建筑立面图，并勾选"启用"和"允许预览"选项。

图 18.3-4

步骤③ 如图 18.3-5 所示，"预处理器"选择 invert（from white bg & black line），模型任选一个，单击 ✷ （预览）按钮，预处理结果如图 18.3-6 所示。

图 18.3-5

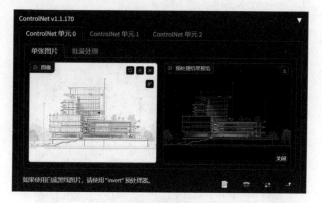

图 18.3-6

步骤④ 如图 18.3-7 所示，根据自身的需求填写正向提示词并选择合适的 LoRA 模型，然后填写反向提示词。

图 18.3-7

正向提示词：8K, architecture, extreme light and shadow, movie photos, 8K，建筑，极致光影，电影照片，
反向提示词：详见 18.1 节（第 221 页）反向提示词

步骤⑤ 如图 18.3-8 所示，根据自身需求选择图像的宽高比例，将"总批次数"设置为 1，"单批数量"设置为 4。

图 18.3-8

步骤⑥ 如图 18.3-9 所示，将"迭代步数"设置为 25。

图 18.3-9

步骤⑦ 单击"生成"按钮后生成的 4 张图像如图 18.3-10 所示。在生成的图像中选择最喜欢的一张进行保存。最终效果图见图 18.3-2。

图 18.3-10

3. 作者心得

Stable Diffusion 目前尚不能识别字体，因此导入的 AutoCAD 图像画面应该尽量简洁、突出主体，不要有尺寸之类的线条数字或其他文字等。

18.4 AutoCAD 平面图转换为彩色平面图

AutoCAD 平面图转换为彩色平面图是为了辅助理解设计方案，让室内的区域划分一目了然。Stable Diffusion 可以快速生成彩色平面图，节省流程中的时间成本。具体实现见以下案例。

1. 最终效果图

原图如图 18.4-1 所示。最终效果图如图 18.4-2 所示。

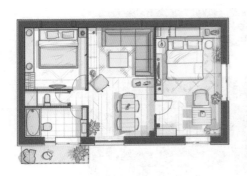

图 18.4-1

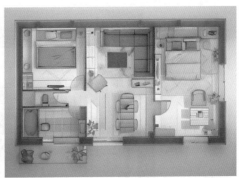

图 18.4-2

2. 步骤详解

步骤① 如图 18.4-3 所示，打开 Stable Diffusion，根据图像所需的风格选择适合的模型。例如，本案例要生成一张彩色平面的效果图，可以选择室内或通用写实的大模型。

图 18.4-3

步骤② 如图 18.4-4 所示，打开 ControlNet 面板，在图片上传区域上传一张 AutoCAD 的建筑平面图，并勾选"启用"和"允许预览"选项。

图 18.4-4

步骤③ 如图 18.4-5 所示，"预处理器"选择 invert（from white bg ＆ black line），模型任选一个，单击■（预览）按钮，预处理结果如图 18.4-6 所示。

图 18.4-5

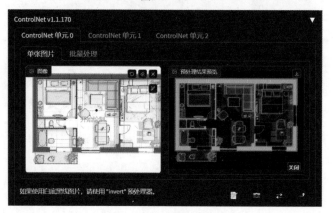

图 18.4-6

> 小贴士
>
> AutoCAD 图像导出为黑底、白底均可。需要注意的是，当导入 Stable Diffusion 的图像为白底时，预处理器通常选择 invert 系列，模型可任选；当导入 Stable Diffusion 的图像为黑底时，预处理器通常选择 lineart 系列、depth 系列或 MLSD 系列，模型通常选择 control_v11p_sd15_lineart。

步骤④ 如图 18.4-7 和图 18.4-8 所示，重复步骤②～步骤③，同时使用预处理器 canny 和 lineart_coarse，可以使生成的图像更加精确。

图 18.4-7 图 18.4-8

步骤⑤ 如图 18.4-9 所示，根据自身的需求填写正向提示词并选择合适的 LoRA 模型，然后填写反向提示词。

图 18.4-9

正向提示词：columns, walls, top view, 8K, extreme colours, best shadows, realistic, bedroom, light green sofa, rustic, light beige and light green, housetable plan, <lora: 室内设计彩平图 18.4:1>,

立柱，墙壁，俯视图，8K，极致色彩，最佳阴影，写实风，卧室，浅绿色沙发，乡村风格，浅米色和浅绿色，户型图，<lora: 室内设计彩平图 18.4:1>,

反向提示词：详见 17.1 节（第 208 页）反向提示词

步骤⑥ 如图 18.4-10 所示，根据自身需求选择图像的宽高比例，将"总批次数"设置为 1，"单批数量"设置为 4。

图 18.4-10

步骤⑦ 如图 18.4-11 所示，将"迭代步数"设置为 25。

图 18.4-11

步骤⑧ 单击"生成"按钮后生成的4张图像如图 18.4–12 所示。在生成的图像中选择最喜欢的一张进行保存。最终效果图见图 18.4–2。

图 18.4–12

3. 作者心得

如果预览图像轮廓比较模糊，可以使用语义分割图功能，或导入 Photoshop 中绘制好的语义分割图，再将图像导入 ControlNet 中，这样生成的图像轮廓会更加精确。